Uranoscopia

Saúl Blanco Lanza

Uranoscopia

Curiosidades astronómicas para el aficionado

Título: Uranoscopia. Curiosidades astronómicas para el aficionado
Autor: Saúl Blanco Lanza
Idioma: Castellano
Editor: Lulu

I.S.B.N.: 978-1-4467-5099-5

Diseño de cubierta: Saúl Blanco Lanza
Enero de 2011

¡Oh, las lecciones de astronomía y de intriga, las migraciones, las desmelenadas huídas, las prolongadas carreras con dolor de piernas y pulmones a lo largo de tantas noches en todas esas motas cósmicas en las que hemos defendido nuestra fugaz posesión! Os digo que somos un portento, y mis recuerdos lo confirman

Frank Herbert "Dios Emperador de Dune" (1981)

ÍNDICE

Este volumen recoge una selección de 20 artículos y ensayos relacionados con la Astronomía (a veces de forma remota), publicados a lo largo de la pasada década en diferentes publicaciones, principalmente *LEO* y *El Escéptico*. El título alude precisamente a la sección correspondiente en la revista de la Asociación Leonesa de Astronomía. Si los textos compendiados en *Miscelánea astronómica* (Bubok Publishing, 2010), se dirigían al público en general, el presente libro quizá se enfoca preferentemente al aficionado más o menos avanzado. Como se comprobará, el énfasis principal se centra en temas concernientes a la llamada "Astronomía fundamental", esto es, Astronomía de Posición y Mecánica Celeste, asuntos hoy considerados demasiado "clásicos" en la literatura divulgativa sobre Astronomía, que versa casi con exclusividad sobre Astrofísica y Cosmología. Tampoco los tratados generalistas actuales sobre la materia cubren con suficiente profundidad estos apartados, motivo quizá del relativo déficit de conocimiento que tienen sobre tales cuestiones algunos aficionados. También se incluyen algunos capítulos sobre Astrobiología o Astronomía histórica.

Los textos han sido convenientemente adaptados y actualizados. Agradezco la lectura atenta y el apoyo de mi amigo José Vicente Gavilanes a lo largo de estos años.

Saúl Blanco Lanza

León, diciembre de 2010

INTRODUCCIÓN

En ocasiones no somos conscientes del enorme avance que han supuesto las nuevas tecnologías para el aficionado a la Astronomía. El aspecto más evidente de este gran "salto" los constituye probablemente la astrofotografía. La fotografía química suponía arriesgar en ocasiones horas de arduo trabajo para obtener resultados como mucho inciertos. La imagen digital, al trabajar sin película, ha permitido abaratar los costes y popularizar estas técnicas entre un amplio sector de la población. Además, al poder visualizar de inmediato los resultados y poder revelar uno mismo las imágenes, las sesiones resultan mucho más rentables y productivas. El tratamiento digital de las fotografías y los procesos de integración permiten a cualquier aficionado actual obtener con un equipo casero imágenes que nada tienen que envidiar a las que obtenían los observatorios profesionales hace sólo unas décadas. Simplemente con una cámara compacta colocada "a pulso" sobre el ocular de un pequeño catalejo se pueden obtener imágenes de la Luna verdaderamente impresionantes. Adicionalmente, la tecnología CCD permite a muchos aficionados colaborar en programas científicos internacionales para estudios astrométricos y fotométricos muy diversos que de otra forma serían inviables.

Pensemos también en las modernas monturas electrónicas automatizadas que permiten localizar en un instante y seguir con precisión cualquier cuerpo celeste. ¿Cuántas horas de ardua búsqueda nos han ahorrado cada noche estos ingenios robóticos? Ahora la explotación de los limitados recursos temporales es mucho más eficiente y los observatorios astronómicos se han convertido gracias a la tecnología en lugares más amigables, donde desarrollar cómodamente actividades didácticas y divulgativas. Los ordenadores permiten el acceso inmediato a ingentes cantidades de información. Ya no tenemos que recurrir a áridas tablas de efemérides o a engorrosos cálculos para conocer con exactitud cualquier dato referente a un determinado astro. Los programas de simulación y las animaciones digitales son complementos formativos perfectos para los estudiantes de ciencias y permiten a los aficionados desarrollar sus propios proyectos científicos. Internet supone poder estar al día de la actualidad astronómica internacional, poder adquirir equipamiento en óptimas condiciones económicas y difundir nuestros resultados por todo el mundo.

La tecnología astronómica es cada vez más barata, útil y fácil de manejar. No hay que temerla sino aprender a manejarla con soltura. Es, en definitiva, fruto del intelecto humano y como tal un recurso que hemos de aprovechar en pos del avance de la Astronomía. En ocasiones se perciben, sin embargo, ciertas actitudes hostiles entre algunos aficionados ante estos avances, posiciones quizás más cercanas a la tecnofobia que a una (en cierto modo) comprensible nostalgia romántica por los métodos antiguos. ¡Ellos se lo pierden! Nosotros seguiremos utilizando, en la medida de nuestras posibilidades, cualquier medio tecnológico para poner el Universo al alcance de todos.

En efecto, vivimos inmersos en la sociedad de la información, tenemos a nuestro alcance conocimientos que serían la envidia de cualquier institución hace sólo unos años. Las nuevas tecnologías nos permiten acceder instantáneamente a libros, bases de datos, imágenes y comunicar y difundir nuestras ideas e inquietudes por todo el mundo. La educación y la cultura llegan a una fracción cada vez más amplia de la humanidad y el progreso científico, tecnológico e industrial de los últimos lustros es innegable. En el campo de la Astronomía, hemos progresado más en los últimos cien años que en todo el resto de la historia de esta venerable Ciencia. Hemos explorado otros mundos y caminado por la Luna, hemos llegado a comprender nuestro lugar en el Cosmos y tenemos una idea bastante aproximada de la historia del Universo y de las leyes que lo rigen. Aún queda muchísimo por hacer, las futuras generaciones de astrónomos tienen una ingente labor por delante y a buen seguro los grandes descubrimientos en esta materia están aún por llegar.

En este sentido, la exploración espacial es cara, en eso no cabe ninguna duda. Los estados que deciden invertir en la investigación científica del Universo conocen perfectamente que se trata de una empresa arriesgada y que no genera beneficios a corto plazo. Muchos se llevan las manos a la cabeza cuando salen a la luz las cifras 'astronómicas' de la carrera espacial. ¿Por qué no emplear ese dinero en paliar el hambre y las enfermedades en los países necesitados? Paradójicamente una buena parte de las medicinas y la tecnología que usamos cotidianamente tiene su origen en la investigación espacial. El estudio del clima, el control de la producción agrícola o las telecomunicaciones globales serían ciencia ficción sin ella. La llamada "carrera espacial", a la que se han sumado varias naciones, ha supuesto avances no sólo en el conocimiento del Universo, sino también un importantísimo progreso tecnológico. En primer lugar, la red satelital nos permite las telecomunicaciones mundiales, el estudio de la meteorología y un mejor aprovechamiento de los recursos naturales. Hoy, gracias al GPS, podemos saber con precisión la ubicación exacta de cualquier emplazamiento, lo que nos permite viajar con más seguridad y progresar en el conocimiento geográfico del mundo. De la astronáutica han derivado la invención de nuevos materiales como el teflón, el kevlar o los policarbonatos. La investigación que ha llevado al desarrollo de muchos medicamentos hubiera sido imposible sin contar con laboratorios en microgravedad, como los existentes en los transbordadores o en las estaciones espaciales. También debemos el marcapasos, la cirugía láser y las ecografías a la carrera espacial. Cientos de ingenios de uso cotidiano nacieron igualmente como respuesta a las necesidades tecnológicas de la exploración espacial, entre ellas: el microondas, las herramientas inalámbricas, el código de barras, las placas vitrocerámicas, los forros polares, los detectores de humo, los ordenadores portátiles... incluso los pañales desechables no existirían hoy si hace cinco décadas no hubiéramos desafiado la última frontera de la exploración.

Últimamente se ha insistido en lo carísimo que resulta lanzar el transbordador espacial. Sin embargo, con sólo el presupuesto de defensa de algunas naciones, se podría lanzar un 'Atlantis' cada 24 horas. Muchos se sorprenderán al saber que, con sólo un contrato de ciertos jugadores de la liga española de fútbol se podría costear toda una misión al planeta Marte. Algunas naciones, al parecer, han apostado por los espectáculos de variedades en vez de por la Ciencia. La investigación del espacio es además una fuente inagotable de conocimiento, cultura e inspiración, arroja luz sobre los grandes misterios de la humanidad y supone un primer acercamiento a futuros recursos minerales y energéticos y a la colonización de nuevos mundos. Pero también son muchos los interesados en que el hombre vuelva al oscurantismo medieval al grito de "la Ciencia es cara".

1. ¿QUÉ HACER?

La Astronomía es una de las ciencias en las que los aficionados pueden realizar contribuciones muy significativas y, en ocasiones, descubrimientos verdaderamente trascendentales. El cielo nocturno, como parte de la naturaleza, está disponible para toda aquella mente curiosa que desee descubrir algo más sobre el fascinante Universo que nos rodea. Un firmamento despejado, unos prismáticos y una cierta perseverancia puede ser lo único que nos haga falta para llevar a la luz fenómenos asombrosos e insospechados que ayuden explicar los grandes secretos de esta apasionante ciencia. En la antigüedad, muchos grandes astrónomos comenzaron su carrera en ámbitos muy variados, y realizaron sus primeros descubrimientos astronómicos como simples aficionados, ávidos de conocimiento sobre una parcela del mundo apenas explorada como era la bóveda celeste. Muchos se dedicaron entonces en exclusiva a escrutar con los más diversos equipos, cuando no con sus propios ojos, estrellas y planetas; y no son pocos los que, a lo largo de su vida, tuvieron en su curiosidad autodidacta su única formación en materia astronómica. Hoy es generalizada la opinión de que esta "época dorada" de la investigación astronómica ha tocado a su fin; los grandes avances tecnológicos y equipamientos científicos, con los que se realizan los únicos descubrimientos que merecen la pena, sólo están a disposición de unos pocos y selectos grupos llamados a liderar el progreso internacional en las ciencias del espacio. Nada más lejos de la realidad, como demuestran cotidianamente las decenas de descubrimientos astronómicos en los que han contribuido equipos de observadores aficionados; o los cientos de publicaciones científicas firmadas conjuntamente por aficionados y profesionales. Históricamente, varios hechos han contribuido a revalorizar las investigaciones científicas de los aficionados a la Astronomía:

- En primer lugar, la generalización del acceso a las nuevas tecnologías y el abaratamiento de los materiales y equipos de investigación: mejora en la capacidad y funcionalidad de los telescopios y otros materiales ópticos; progreso notabilísimo en el uso de ordenadores y equipos informáticos en general (incluyendo el software astronómico y los telescopios automatizados); y disponibilidad actual de aparatos reservados hasta hace sólo unos pocos años a los profesionales (cámaras CCD, espectroscopios, etc.). Actualmente cualquier aficionado puede disponer de equipos que hubieran sido la envidia de los astrónomos profesionales hace sólo dos décadas.

- En segundo lugar, la coordinación, a nivel mundial, de las actividades llevadas a cabo por los astrónomos aficionados: campañas internacionales de observación de determinados fenómenos, estandarización de metodologías de investigación, puesta a punto de desarrollos tecnológicos llevados a cabo por aficionados y comparación de resultados, todo ello gracias a la popularización de los congresos científicos sobre Astronomía, al auge de las revistas especializadas realizadas por aficionados y, sobre todo, a Internet (intercambio de datos e imágenes, posibilidad de acceder "en directo" a los resultados de otros equipos, creación de foros de discusión, publicaciones digitales, etc.)

- Y, por último, pero no menos importante, la colaboración entre astrónomos aficionados y profesionales. Las más fructíferas actividades de investigación astronómica recientes han nacido de campañas coordinadas entre astrónomos profesionales y aficionados; los primeros poniendo a disposición de los otros los datos obtenidos en los observatorios gracias a las tecnologías avanzadas, los segundos confirmando observacionalmente tales datos y proponiendo otros nuevos para su contrastación.

A partir de la revolución tecnológica sufrida por la Astronomía a lo largo del siglo XX; como consecuencia de los progresos en física atómica, electrónica y astronáutica, se pensó que lo poco que quedaba por descubrir del Universo quedaba para los escasos y selectos grupos de investigación que tuvieran la suerte de utilizar la carísima tecnología punta necesaria para hacer progresar esta ciencia. ¿Qué no daría un aficionado por tener durante unas cuantas horas a su completa y libre disposición el VLT del Observatorio Europeo Austral, los telescopios Keck de Hawai, o el Gran Telescopio de Canarias? ¿qué emoción deben sentir los astrónomos que, desde tan privilegiados lugares, bañan cada noche su retina con fotones procedentes de los mismísimos albores del Cosmos? Pero hasta estos modernos observatorios empalidecen ante los descubrimientos protagonizados por la Astronomía espacial. Gracias a los telescopios espaciales como el SOHO, el IRAS o el *Hubble* nuestra visión del Universo ha experimentado un cambio comparable al de la revolución copernicana del siglo XVI. Por otra parte, las sondas y misiones espaciales; desde las ya lejanas y míticas *Viking* o *Voyager* a las modernas *Galileo* o *Cassini*, han hecho evolucionar a la Planetología más en tres décadas que en los últimos tres siglos. Ante este panorama, ¿qué puede aportar el humilde aficionado, con un modesto telescopio y sumido en un entorno con una galopante contaminación lumínica? A pesar de la gran diferencia de medios con que contamos con respecto a los profesionales (diferencia que, como decimos, cada vez es menos evidente), contamos con un par de ventajas que convierten a nuestras actividades, más allá de simples recreos intelectuales, en piezas básicas para el actual desarrollo de la investigación astronómica:

- El número: la necesidad de fuertes inversiones económicas combinada con la disponibilidad de cielos diáfanos hace que el número de observatorios astronómicos profesionales involucrados en investigación realmente puntera no supere el centenar en todo el mundo; sin embargo existen miles de astrónomos aficionados. Si representáramos en un mapamundi las localizaciones geográficas de todas las personas que disponen por lo menos de unos prismáticos y que realizan regularmente observaciones, veríamos que hay muy pocas regiones de la Tierra donde cualquier fenómeno astronómico pasaría desapercibido. Esto ha permitido la organización de exitosas campañas observacionales verdaderamente multitudinarias, como las que tuvieron lugar con ocasión del eclipse solar que atravesó Europa en 1999 o el famoso tránsito de Venus hace unos años, probablemente el evento más observado de la era telescópica. A parte de su importancia científica, estos fenómenos permiten a mucha gente en todo el mundo tener su primer contacto con la Astronomía. Como dice la revista *Sky & Telescope*, el día del tránsito de Venus miles de personas vieron por primera vez en su vida al Sol a través de un telescopio. En efecto, gran parte de las investigaciones astronómicas modernas sólo tienen sentido si son realizadas por muchos equipos distintos desde lugares muy alejados; y en la actualidad sólo los aficionados podemos cumplir ambos requisitos. Así, las modernas teorías sobre evolución estelar, dinámica de asteroides o climatología planetaria están asentadas sobre el sólido sustrato estadístico proporcionado por millones de observaciones de aficionados en todo el mundo que, a manera de pequeños granos de arena, van conformando paulatinamente la gran montaña de la Astronomía contemporánea.

- El tiempo: los astrónomos aficionados no solemos disponer de equipos cuya capacidad pueda competir con los de los modernos observatorios profesionales. Adicionalmente, se puede comprobar que, independientemente de qué aparatos tenga un aficionado y de qué situación observacional disfrute, siempre querrá un telescopio mayor y un cielo más obscuro. Pero más allá de estos legítimos anhelos, lo cierto es que en ocasiones no valoramos como se merece un preciosísimo recurso que es envidiado por los principales centros de investigación: el tiempo. En efecto, las agendas de los grandes telescopios están tanto más apretadas cuanto más sofisticados y afamados son sus preciosos servicios; y apenas pueden dedicar unos minutos a cada una de las miles de solícitas maravillas que aguardan ser contempladas en el cielo. Con el desarrollo del programa espacial destinado a la exploración del Sistema Solar, muchos centros han optado por dedicarse en exclusiva al cielo profundo; ante la convicción de que ya eran incapaces de realizar contribuciones científicas significativas en el estudio de nuestros vecinos planetarios. Con unos presupuestos generalmente exiguos, se comprende que los observatorios profesionales traten de optimizar su producción científica optando por estudiar estas remotas regiones del Cosmos; de forma que puedan realizar avances en las actuales disciplinas "de excelencia" como son la Astrofísica y la Cosmología. El mismo telescopio *Hubble* apenas ha apuntado su brillante espejo en contadas ocasiones hacia los astros de la familia solar a lo largo de sus 12 años de existencia. Pero incluso los ingenios enviados exclusivamente hacia planetas, asteroides y cometas sólo pueden estudiarlos en profundidad durante, como mucho, unos meses; sin embargo los aficionados, convenientemente coordinados, pueden observar de continuo cualquiera de estos cuerpos durante décadas. La observación de procesos a largo plazo, como las tormentas marcianas o la dinámica de las estrellas binarias sólo están actualmente en disposición de ser llevadas a cabo por los aficionados a la Astronomía. Como si de una astrofotografía química se tratase, se puede decir que un gran "tiempo de exposición" puede en ocasiones compensar con creces las posibles limitaciones del equipamiento óptico utilizado.

Así pues, ¿qué podemos hacer? Hagamos un recorrido por las distintas ramas de la Astronomía para comprobar cómo nuestras tareas de aficionados son requeridas en el esclarecimiento de los aún abundantes misterios que encierra el Universo:

1. La Luna: es nuestro vecino inmediato en el Cosmos, el astro más cercano y más brillante (después del Sol) y, con seguridad, uno de los mejor estudiados. Conocemos con precisión de centímetros su compleja órbita y disponemos de detallados mapas de su geografía. A pesar de que aún quedan campos de investigación abiertos, como los referentes a su origen o a su composición geológica, lo cierto que, en algunos aspectos, conocemos a nuestro satélite mejor que a la propia Tierra. Es un mundo que ha sido explorado frecuentemente por nuestros ingenios robotizados y que incluso nosotros mismos hemos visitado; y del único del que contamos con muestras materiales abundantes. ¿Queda realmente algo por hacer para los astrónomos "terrestres", más aún para los simples aficionados? Por supuesto. Una de las actividades más sencillas que podemos realizar es cronometrar las ocultaciones que realiza la Luna de las estrellas (y planetas) que se encuentra a lo largo de su recorrido por el zodíaco, algunas de ellas visibles incluso a simple vista. Poniendo estos registros en conjunto con los obtenidos desde otras regiones del mundo, los datos obtenidos sirven para actualizar continuamente la morfología del limbo lunar y aumentar la precisión de los valores disponibles acerca de las fluctuaciones de sus parámetros orbitales. Especialmente interesantes para su observación son las denominadas "ocultaciones rasantes", en las que la estrella "pasa" tangente al limbo de la Luna. Cronometrando los momentos de desaparición y reaparición de la estrella por detrás de los diferentes accidentes del borde de la luna podemos reconstruir con gran precisión la selenografía de las regiones polares de nuestro satélite, que son difícilmente observables desde la Tierra con otros medios, y que han sido insuficientemente exploradas por las sondas espaciales. Otra de las actividades más interesantes que podemos llevar a cabo es la observación de los denominados *Fenómenos Lunares Transitorios*, cuya naturaleza no se conoce con exactitud pero que parecen relacionados con el impacto de

enjambres de meteoros en su superficie (que, simultáneamente, ocasionan en la Tierra lluvias de estrellas fugaces). Suelen consistir en nubosidades puntuales o pequeños cambios en el color o brillo de determinadas regiones. En relación con esto, se ha organizado a través de Internet un grupo internacional de observadores dedicados en exclusiva a captar fotográficamente el impacto de algún meteorito en la Luna, aprovechando ocasiones especialmente propicias para ello. Las campañas dedicadas a las últimas Perséidas y Leónidas están empezando a dar resultados en este sentido. Por último, también se puede sacar provecho científico de los eclipses lunares; como por ejemplo para calcular la transparencia y el nivel de contaminación atmosférica deducibles a partir del grado de obscurecimiento de la Luna en el momento central del fenómeno.

2. El Sol: El estudio del Sol, por su naturaleza diurna y no tan limitada por la meteorología y la capacidad del instrumental óptico, es una de las más gratificantes en el vasto campo de la Astronomía observacional. Muchos aficionados han adquirido la edificante costumbre de dedicar unos minutos al día (siempre que es posible) a mirar al Sol y anotar en unos formularios estandarizados información relativa al número, disposición y morfología de las manchas solares. Los científicos han utilizado esta valiosísima información para, cotejando los datos aportados a lo largo de grandes periodos de tiempo, construir el cuerpo doctrinal sobre el que se asienta la Heliofísica moderna y, por extensión, la Física Estelar. No hace falta comentar la trascendental importancia que tienen estas observaciones para el estudio del ciclo solar y su posible influencia en la climatología terrestre. Algunos aficionados disponen de equipos especiales (filtros de Hidrógeno-alfa, coronógrafos) con los que se ponen casi a la altura de los observatorios solares profesionales en el estudio de impresionantes fenómenos como las fulguraciones y protuberancias solares. El estudio de la corona solar y de la cromosfera también se pone a nuestro alcance durante los eclipses solares, durante los cuales el registro de fenómenos como las *perlas de Bailly* o las *sombras volantes* siguen siendo de utilidad, al igual que el cronometraje de los contactos entre los discos de ambos astros para determinar con precisión la morfología del

perfil lunar, la franja de anularidad (en los eclipse anulares) e incluso cambios en el diámetro del Sol. Añádase, por último, lo importantísimo que es informar de cualquier atisbo de aurora boreal, fenómeno que al parecer ha dejado de ser excepcional en nuestras latitudes. Colaboraremos así a conocer un poco mejor los cambios en la actividad solar y en nuestra magnetosfera.

3. Planetas: la observación planetaria suele ser la actividad preferida de muchos astrónomos aficionados durante los periodos favorables de cada uno de estos astros. Recordemos las maravillosas imágenes que nos proporcionó Marte durante sus últimos acercamientos; en las que adivinamos detalles superficiales que se nos antojaban imposibles de captar tan sólo unos años antes. Pero más allá del placer estético (y de la indiscutible importancia divulgativa) de estas observaciones, los aficionados tienen aún mucho que decir en la investigación científica de los planetas. Como dijimos antes, nuestra capacidad de realizar un seguimiento a largo plazo de estos astros permite el desarrollo de estudios que de otra forma serían imposibles. A parte de la Luna, Mercurio y Marte son los únicos planetas que presentan una superficie sólida con accidentes susceptibles de ser observados desde la Tierra. La posición de Mercurio, siempre cercana al Sol, y su pequeño tamaño hace que incluso con buenos telescopios no seamos capaces de vislumbrar más que una cuantas sombras en su superficie. Algunos aficionados voluntariosos, tras muchas horas de observación, han logrado obtener mapas en baja resolución de este planeta. Se ha desarrollado una campaña internacional de estudio telescópico de Mercurio para poder contrastar los datos obtenidos con la información que proporcione dentro de unos años la sonda *Messenger* y así poder perfeccionar las metodologías observacionales, comprobando qué detalles geográficos de los descritos desde aquí tienen su refrendo en accidentes reales de la orografía de este pequeño planeta. Estos estudios tienen incluso interés desde el punto de vista de la investigación sobre la fisiología y psicología visual humana. En cuanto a Marte, es especialmente interesante el seguimiento temporal de las tormentas atmosféricas. Gracias en parte a las observaciones de los aficionados, los astrónomos están descubriendo interesantes pa-

trones a largo plazo en la dinámica de estos fenómenos. También observando las nubes de este planeta podemos obtener valiosísimos datos acerca de la velocidad de los vientos y los procesos de transporte eólico que tan importantes han sido en el proceso de modelado superficial marciano.

A pesar de sus sempiternas nubes, Venus es también un objetivo idóneo para hacer nuestros pinitos en Astronomía científica. Los Dres. Galadí-Enríquez y Gutiérrez Cabello, en su excelente libro *Astronomía General*, proponen una serie de proyectos observacionales interesantísimos y asequibles a gran parte de los aficionados, como el seguimiento de las *manchas brillantes* (unas formaciones nubosas polares) o de la denominada *anomalía de fase*, de naturaleza aún dudosa, cuyo análisis puede arrojar luz sobre la física de la atmósfera de este planeta. Algunos aficionados incluso afirman haber sido testigos de bólidos en la atmósfera venusiana. Durante los rarísimos tránsitos venusianos podemos también estudiar con detalle fenómenos aún mal comprendidos, como la famosa *gota negra* o la *aureola*. El cronometraje preciso de los contactos se utiliza para calcular los cambios seculares en el diámetro solar, con las consecuencias que se derivan para investigar a fondo la estrella. Lo mismo, por cierto, es aplicable en el caso de los tránsitos de Mercurio, que además son diez veces más frecuentes.

Los planetas gaseosos también ofrecen nos oportunidades de contribuir a investigaciones científicas serias. Aficionados fueron quienes descubrieron las perturbaciones atmosféricas de la Zona Tropical Sur en Júpiter. También se reportan regularmente la aparición, evolución y colapso de los *óvalos blancos*, especie de tormentas que se observan en su superficie, contribuyendo así al estudio en profundidad de la climatología del planeta. En cuanto al sistema joviano, podemos realizar cronometrajes de los fenómenos mutuos entre las lunas galileanas, para aumentar la precisión de los datos que ya se tienen sobre sus órbitas. Estos datos se utilizaron para ajustar la trayectoria de la sonda Galileo, y la permitieron realizar acercamientos asombrosos a estos satélites. Las atmósferas de Saturno y Urano también pueden ser estudiadas a largo plazo si disponemos de telescopios potentes y de cielos despejados. En Saturno el descubrimiento de óvalos de corta duración y de manchas brillantes es de gran interés. El hemisferio norte de Urano no se veía desde hace varias décadas y se está tratando de organizar una campaña internacional de observación para captar cualquier actividad en su superficie, en especial tratar de confirmar la posible formación de una corona nubosa alrededor de su polo norte. También es interesante estudiar la evolución temporal del brillo de este planeta, posiblemente relacionados con cambios estacionales - parece ser que entre 1970 y 1980 su brillo aumentó 0,1 magnitudes. Con una cámara CCD podemos hacer también fotometrías de Titán para estudiar las complejas variaciones en su brillo, que parecen estar vinculadas con la actividad solar. Por último, el análisis de los cambios de brillo en Neptuno es también interesantísimo, en cuanto que pueden estar relacionados con su periodo de rotación y con la aparición de formaciones nubosas en su atmósfera.

4. Asteroides, cometas y meteoros: los aficionados descubren cada año decenas de asteroides. En España, el Grupo de Estudios Astronómicos, el Observatorio Astronómico de Mallorca y la Agrupación Astronómica de Sabadell han dado a conocer más de un centenar durante los últimos años, como fruto de la colaboración entre aficionados y especialistas profesionales. Algunos grupos se han centrado en el seguimiento astrométrico de Objetos Cercanos a la Tierra (NEOs). Realizando las curvas de luz de los asteroides en oposición se pueden calcular datos novedosos para la ciencia, como su periodo de rotación. Por otra parte, prácticamente todo lo que se conoce de muchos asteroides (forma, dimensiones) se obtiene a partir del cronometraje de las ocultaciones que provocan sobre otros astros al pasar por delante de ellos, actividad a la que se dedican bastantes aficionados. En ciertas ocasiones, las ocultaciones propician también el descubrimiento de satélites asteroidales; e incluso de estrellas múltiples muy difíciles de resolver en sus componentes de no ser sucesivamente eclipsadas por el asteroide. Si el cuerpo eclipsante es un cuerpo del cinturón de Kuiper o un satélite planetario, entonces su observación es especialmente importante para tratar de precisar sus parámetros orbitales.

Los astrónomos aficionados más famosos (popularizados incluso por Hollywood) son los descubridores -o "cazadores"- de cometas, como Bill Bradfield, Don Machholz o Yuji Hyakutake; cuyos nombres son inmortalizados al bautizar sus descubrimientos. Hace años llegaron incluso a superar en número de descubrimientos a los observatorios profesionales. Algunos se han especializado en los llamados *sungrazers*, aquellos que sólo brillan cuando están muy cerca del Sol, y cuya observación, por tanto, es bastante compleja. Con un par de buenos prismáticos; un trabajo sistemático y, sobre todo, mucha paciencia, podemos pasar a engrosar la lista de descubridores de cometas. España también cuenta con excelentes observadores cometarios, dedicados principalmente a la fotometría y fotografía de estos objetos, cuyos estudios sirven para conocerlos en detalle: órbita, estructura, composición, posibles fragmentaciones o estallidos, etc. Observando ocultaciones por cometas se puede calcular también su densidad. Nuevamente, las CCDs son herramientas muy útiles, aunque no imprescindibles, para realizar estos análisis.

Muchos aficionados se han interesado por lo menos alguna vez en los enjambres de meteoros, debido a la sencillez con la que se obtienen datos de interés. Colaborando con otras asociaciones, calcular la tasa horaria y la posición del radiante son tareas fáciles; si además hacemos anotaciones sobre el brillo y el color nos acercaremos a la composición química de los meteoroides y a conocer su posible origen. Algunas lluvias se pueden llegar a estudiar incluso escuchándolas en aparatos de radio. Y si se tiene la suerte de observar un bólido, los astrónomos prácticamente sólo cuentan con la ayuda de los aficionados para realizar el trabajo de campo necesario y obtener así toda la información útil sobre el mismo. Algunos aficionados incluso han logrado encontrar meteoritos.

5. Estrellas: el estudio de estrellas variables es un ejemplo perfecto de contribución astronómica importantísima protagonizada principalmente por aficionados. Su observación es una de las que más réditos científicos aporta y, curiosamente, una de las más sencillas, ya que algunas son analizables incluso a simple vista. Se puede decir sin temor a exagerar que buena parte de la Física estelar actual se ha construido en parte sobre los datos aportados por los aficionados a la observación de este tipo de estrellas. Los varia-

bilistas estadounidenses de la AAVSO superaron hace poco los 11.000.000 registros, una auténtica enciclopedia de información de gran utilidad para los profesionales. Algunos aficionados han pasado a dedicarse en exclusiva al mundo de las supernovas, de las que se descubren un centenar todos los años. Podemos tratar de emular al aficionado lucense Francisco García, que descubrió en 1993 la supernova más brillante de los últimos 50 años. Pero aunque no seamos los primeros en verlas, su estudio fotométrico es esencial como soporte a las modernas teorías astrofísicas. En cuanto a las estrellas dobles, ciertamente hay cientos de ellas esperando en el cielo que alguien las preste un poco de atención. Anotando regularmente su separación y su ángulo de posición habremos contribuido a discriminar los pares físicos de las dobles aparentes. Acumulando muchos de estos datos durante un periodo dilatado de tiempo estamos en condiciones de calcular la órbita de cada componente. En las binarias eclipsantes podemos ayudar en la detección de cualquier anomalía sistemática en los periodos de translación, como el *movimiento apsidal* relacionado con las interacciones de marea entre las estrellas que forman el conjunto. En relación con esto, el papel de los aficionados está siendo determinante en el descubrimiento de exoplanetas transitando a través de sus respectivas estrellas, algo que tan sólo hace unos años se hubiera considerado ciencia-ficción.

6. Cielo profundo: entre las actividades más provechosas que puede hacer el aficionado en este campo se encuentra el estudio de la variación en el brillo de núcleos de galaxias activas. La moderna tecnología ha puesto a nuestro alcance incluso la observación de cuásares; el seguimiento fotométrico continuado de estos cuerpos puede ser de gran utilidad; ya que los observadores profesionales no suelen dar abasto.

En resumen, tenemos un amplio panorama astronómico donde elegir e incluso donde especializarnos. Con un trabajo sistemático y organizado, tenemos probabilidades reales de realizar un descubrimiento científico importante. Una noche de observación sin planificar y sin tomar ninguna nota de nuestras actividades puede ser un pasatiempo divertido y emocionante, pero se trata de tiempo perdido para el avance de la Astronomía. Disponiendo de unas buenas efemérides, nos daremos cuenta de que todas las noches acontece algún fenómeno digno de estudiarse: una ocultación, una libración lunar favorable, una lluvia de estrellas... independientemente del tiempo que dediquemos a nuestra afición común, de nuestro nivel de conocimientos y de las técnicas que empleemos, no hay que entender el firmamento (sólo) como fuente de placer estético o de recursos divulgativos, sino también como un reto intelectual asequible del que se puede extraer gran cantidad de conocimientos.

2. HEMEROLOGÍA Y CÓMPUTO ECLESIÁSTICO

La Hemerología es la ciencia dedicada al estudio de los calendarios, sistemas normalizados para organizar periodos de tiempo, tomando como unidad generalmente los días solares. Desde su origen, el hombre ha precisado diseñar calendarios lo más exactos posible para satisfacer múltiples necesidades, tanto de tipo administrativo, religioso, agrícola, o simplemente para la conmemoración de efemérides. Un buen calendario es aquél que permite expresar una determinada fecha de forma absoluta, es decir, sin ambigüedad posible. Para ello se necesita un momento de origen, que puede establecerse de manera más o menos arbitraria, y una escala que defina periodos de tiempo dados por la repetición cíclica de un determinado fenómeno natural fácilmente verificable y con carácter lo más general posible. El fenómeno más socorrido a estos efectos puede ser el transcurso de las estaciones, pero su delimitación, por lo menos a nivel meteorológico, no resulta suficientemente precisa, aunque se utilice como indicador ciertos fenómenos subordinados, como la floración o germinación de algunas plantas, que además no cumplen el criterio de universalidad –ya que, como es bien sabido, difieren según las distintas regiones geográficas. Para encontrar eventos que se repitan de forma periódica y suficientemente precisa hay que recurrir inevitablemente al cielo. En efecto, desde la más remota antigüedad se conocía el ciclo de las lunaciones, el movimiento aparente del Sol a lo largo del zodíaco y su paso por determinados puntos de la bóveda celeste. De esta forma aparecieron los llamados calendarios lunares, solares y lunisolares, en función del ciclo astronómico sobre el que se asientan.

Algunas civilizaciones no tardaron en utilizar otros fenómenos menos evidentes, como los ortos helíacos de determinados astros, las digresiones máximas de los planetas interiores o incluso lluvias de meteoros. Conocer y predecir el movimiento de los cuerpos celestes se hizo, pues, vital para la supervivencia de muy distintas culturas, lo que dio sin duda un impulso inicial a la Astronomía como ciencia eminentemente práctica.

El calendario gregoriano, vigente en la actualidad en buena parte del mundo occidental, y utilizado convencionalmente en el ámbito internacional para cuestiones científicas, comerciales, etc., deriva calendario juliano, modificación a su vez del antiguo calendario romano. Es de tipo lunisolar, y los calendarios de esta clase se han enfrentado históricamente a dos inconvenientes que han sido superados de forma más o menos creativa: el número no entero de días solares que existen dentro de un mes sinódico y de un año trópico, y el número no entero de lunaciones que alberga este año trópico. Para entender la relevancia de este problema será suficiente re-

Fig. 1. *Numa Pompilio (715 a. C. - 676 ó 672 a. C.)*

montarse al calendario romano, que consideraba años de 304 días, agregados en cuatro meses (*Martius* [el primero del año], *Maius*, *Quintilis* y *October*) de 31 días y seis (*Aprilis*, *Junius*, *Sextilis*, *September*, *November* y *December*) de 30 días. Evidentemente, este año, llamado *de Rómulo* estaba totalmente desvinculado del año trópico y del transcurso de las estaciones. Fue Numa Pompilio (fig. 1), rey de Roma, el encargado de acometer la primera reforma de este calendario, añadiendo *Januarius* y *Februarius*, con 29 y 28 días, respectivamente, y modificando la duración del resto para que tuvieran 29 ó 31 días (dada la conocida aversión de los romanos a los números pares). De esta forma se consiguió un año de 355 días bastante bien adaptado al ciclo lunar, pero aún con un retraso significativo con respecto al comienzo de las estaciones que se hizo evidente a los pocos años. Para solventarlo, Numa introdujo los llamados meses intercalares, en ciclos de ocho años (un mes adicional después de *Februarius* de 22 días al 2º año, de 23 días al 4º, de 22 días al 6º y de 23 días al 8º). Fue también Numa quien introdujo las *calendas* (primer día de cada mes, de ahí la palabra *calendario*), las *nonas* (el día 5 en los meses de 29 días y el 7 en los de 31 días) y los *idus*[1] (el 13 en los meses de 29 días y el 15 en los de 31 días).

La confusión creada por este complicado sistema perturbó la organización administrativa de Roma durante bastante tiempo hasta que Julio César (fig. 2), aconsejado por el astrónomo Sosígenes de Alejandría, decidió llevar a cabo una profunda reforma del calendario, basándose en el año egipcio de 365,25 días. Para ello se vio obligado a introducir un primer año excepcional de 445 días (llamado *año de la confusión*) en el 46 a. de C., simplemente para paliar el error acumulado por el sistema anterior. Posteriormente eliminó los meses intercalares y agregó un total de 10 días más al año, añadiendo uno o dos días al final de algunos meses,

Fig. 2. *Julio César (100 a. C. - 44 a. C.)*

de forma que adquirieran la duración que tienen actualmente. Además, insertó una vez cada cuatro años un segundo seis de *Martius*, llamado *bis sextus* (de ahí la palabra *bisiesto*[2]), de forma que

---

[1] Según Plutarco, un vidente advirtió a Julio César que se guardara de los *idus de marzo* (15 de marzo). Efectivamente, el dictador fue asesinado ese día.

[2] La corrección por intercalación de determinados periodos de tiempo en los calendarios lunisolares recibe el nombre de *embolismo*, y los meses y años así modificados, *abundantes* o *embolísticos*.

los años tuvieran por término medio el cuarto de día adicional necesario. Por último, añadió un día suplementario a *Quintilis*, el mes de su nacimiento (que, en honor a su persona, se llamó *Julius* a partir de la época de Marco Antonio). El emperador Augusto no quiso ser menos y también agregó un día a *Sextilis* (posteriormente *Augustus*). Ambos días fueron tomados de *Februarius*, que quedó con sólo 28; en compensación los días adicionales de los años bisiestos se pasaron al final de este mes. Este *calendario Juliano*, adoptado por la cristiandad, estuvo vigente durante dieciséis siglos en el mundo occidental.

Fig. 3. *Gregorio XIII (1502 - 1585)*

El año juliano supone un déficit de algo más de 11 minutos con respecto al año trópico, que en principio no parece excesivo pero que va acumulándose implacablemente con el transcurso de los años. En el siglo XVI el retraso era ya de 10 días[1], y el Concilio de Trento (1545-1563) había establecido la necesidad de reajustar el calendario de forma que la Pascua volviera a celebrarse a principios de primavera. Para tratar de solucionar la cuestión, el Papa Gregorio XIII (fig. 3) convocó un consejo de sabios, en la que participaron el eminente astrónomo jesuita Cristóbal Clavio[2], el médico Luis Lilio y el matemático español Pedro Chacón. La reforma gregoriana, que se hizo efectiva en 1582 a través de la célebre bula *Inter gravissimas*, dictaminó la supresión de los días bisiestos de los últimos años de cada siglo, excepto si estos años eran múltiplos de 400. De esta forma se consigue un año civil de 365,2425 días de duración media, muy próximo a la

---

[1] Actualmente, el año juliano comenzaría el 14 de enero.

[2] El cráter *Clavius* de la Luna se bautizó en su honor.

duración del año trópico[1], que la comisión había tomado de las *tablas alfonsinas* de Alfonso X. Para compensar el desfase acumulado de tantos siglos, el Papa suprimió los diez días posteriores al 4 de octubre de 1582, al que siguió el día 15 de octubre, conservándose la sucesión de los días de la semana[2]. Esta polémica decisión causó confusión y perplejidad en la vida cotidiana de la época. Muchas personas pensaron que les habían robado diez días de sus vidas. Afortunadamente la bula papal estableció la obligación de tener en cuenta dicha supresión aplazando en diez días el vencimiento de cualquier pago.

La reforma gregoriana fue adoptada paulatinamente por las distintas naciones a lo largo de la historia. Fue de aplicación casi inmediata en los países católicos europeos y aceptada por los protestantes y ortodoxos a lo largo de los siglos XVII, XVIII y XIX. En Rusia no se introdujo hasta la revolución de 1917[3]. El último país occidental en modificar su calendario fue Turquía, en 1927. Esto conllevó la coexistencia en Europa de varios calendarios simultáneos durante mucho tiempo, provocando no pocas situaciones curiosas y dificultades en las relaciones internacionales. Por ejemplo, en los Países Bajos al 21 de diciembre de 1582 le siguió el 1 de enero del año siguiente, por lo que se quedaron sin Navidad ese año. De todos es sabido que los dos grandes literatos de la Era Moderna, Miguel de Cervantes y William Shakespeare, murieron el mismo día, el 23 de abril de 1616. En realidad murieron en la misma *fecha*, con 10 días de diferencia. Análogamente, según el calendario consultado, el año de nacimiento de Newton varía entre 1642 y 1643.

En su concepción actual, el *calendario gregoriano* adopta el día como unidad fundamental, siendo éste la duración de 86400 segundos internacionales, es decir, de Tiempo Atómico Internacional. Para referir una fecha gregoriana de un acontecimiento anterior a la reforma, se utiliza el llamado calendario gregoriano

---

[1] Según los cálculos actuales, el año gregoriano excede al trópico en 27 s.

[2] Santa Teresa, que falleció justo el 4 de octubre de 1582, fue enterrada al día siguiente, es decir, el 15 de octubre.

[3] Por ello la célebre Revolución de Octubre aconteció, en realidad, en noviembre.

proléptico, que implica la adición de un año "0" bisiesto precedido de un año común "–1" (2 a. de C.). El calendario gregoriano únicamente precisa correcciones cada ocho milenios, y se ha propuesto perfeccionarlo aún más eliminado los días bisiestos de los años múltiplos de 4000 –la llamada *regla de Herschel*-, reforma que, en cualquier caso, no corre ninguna prisa[1].

El *calendario eclesiástico* es el adoptado por la iglesia cristiana para la regulación anual del culto y de las festividades religiosas, y se basa actualmente en el calendario gregoriano. La fecha principal de este calendario es la Pascua de Resurrección, en función de la cual se establecen otra serie de festividades llamadas fiestas móviles. El conjunto de cálculos necesarios para establecer el día de la Pascua y las subsiguientes fiestas recibe el nombre de *cómputo eclesiástico*. En el Concilio de Nicea (325) se acordó que tal fecha correspondería al primer domingo después del primer plenilunio coincidente o posterior al 21 de marzo, equinoccio de primavera. Si esta primera luna llena cae en domingo, la fecha se traslada al domingo siguiente, de forma que no coincida con la pascua judía. De esta forma la Pascua no puede ser anterior al 22 de marzo ni posterior al 25 de abril. Con posterioridad se descubrió que el equinoccio no siempre se producía el 21 de marzo, sino que a veces se verificaba el día 20 o incluso el 19, lo que originó problemas en ciertos años. Para evitarlos, se acordó que, a efectos eclesiásticos, el equinoccio sería siempre el 21 de marzo, con independencia de cuándo aconteciera el verdadero equinoccio astronómico. Adicionalmente, las lunaciones no siempre duran lo mismo, y ello dificulta predecir la fecha en la que acontece el primer plenilunio primaveral con mucha antelación. En Nicea se basaron en una relación descubierta por el astrónomo ateniense Metón en el siglo V a. de C., quien observó que cada 235 lunaciones (esto es, cada 19 años julianos) las

---

[1] Téngase en cuenta, además, que el año gregoriano intenta aproximarse al año trópico medio, la duración real de cada año trópico es variable y depende de la precesión de los equinoccios de forma hasta cierto punto impredecible en un futuro remoto. Además, el número de días solares medios en un año irá disminuyendo con el tiempo principalmente por la influencia gravitatoria de la Luna en la velocidad de rotación terrestre.

fases lunares -con un error de 1 h aproximadamente- vuelven a producirse en los mismos días del mes. Este *ciclo metónico* permite el cálculo del conocido como *áureo número*[1], que es el ordinal de cada año dentro de este ciclo, y que determina el regreso de la misma edad de la Luna a la misma fecha del año. Actualmente, como hemos dicho, se sabe que la duración del mes sinódico es variable, por lo que, a efectos eclesiásticos, se considera únicamente el *plenilunio medio* o *ficticio*, es decir, el derivado del ciclo metónico, que puede diferir en varias horas del plenilunio verdadero.

Fig. 4. Carl Friedrich Gauss (1777 - 1855)

Otra variable necesaria para el cómputo eclesiástico es la llamada *epacta* -por antonomasia, la anual-, que es la edad de la luna al comenzar el año, tradicionalmente expresada en números romanos. Por las razones comentadas anteriormente, las epactas eclesiásticas también difieren de las astronómicas. Lógicamente, la epacta y el áureo número guardan una estrecha relación, y dado el error contenido en el ciclo metónico, cada 19 años es necesario añadir un día más a la epacta, resultando una de 30 días que se indica en los calendarios con un asterisco para que dicho número no figure como epacta verdadera[2]. Por su parte, la *letra dominical*, empleada para la elaboración de

---

[1] Los griegos lo consideraban de tal importancia, que mandaron inscribir en los edificios públicos en letras de oro los números del 1 al 19, de ahí el nombre.

[2] Esto sucedió, por ejemplo, en el año 2006.

calendarios perpetuos, es la letra que corresponde al primer domingo del año, teniendo en cuenta que al día de la semana del 1º de enero se le asigna la "A", al 2º la "B", y así sucesivamente. Como los años comunes tienen 52 semanas y 1 día[1], a años consecutivos les corresponden letras dominicales consecutivas, pero en orden retrógrado. Esta correspondencia se interrumpe en los años bisiestos, que tienen dos letras dominicales (antes y después del 29 de febrero[2]). El ciclo se cierra a los 28 años (el llamado *ciclo solar*, que nada tiene que ver con el Sol), al cabo del cual las fechas vuelven a coincidir en el mismo día de la semana. Por último, el cómputo eclesiástico se completa con la determinación de la llamada *indicción romana*, el ordinal del año dentro de un ciclo de 15 años relacionado con el cobro de tributos en la antigua Roma.

Los cuatro parámetros del cómputo eclesiástico están relacionados entre sí por fórmulas más o menos sencillas. Por ejemplo, para calcular el áureo número de un determinado año, tenemos que:

Áureo número = resto [(**año** + 1) / 19)]

Por ejemplo, para el año 2007:

Áureo número = resto (2007 + 1) / 19)] = 13

A partir de éste se puede calcular la epacta mediante la expresión:

Epacta = resto [(**áureo número** - 1) · 11 / 30] − 1

Por ejemplo, para el año 2007:

Epacta = resto [(13 - 1) · 11 / 30] − 1 = 11 (XI)

La letra dominical se calcula con la expresión:

---

[1] El o los días que exceden de 52 semanas exactas se llaman *concurrentes*.
[2] El 28 y el 29 de febrero tienen la misma letra.

Orden en el ciclo solar = resto [(**año** + 9) / 28)]

Posteriormente se relaciona este número de orden con la correspondiente letra dominical mediante la siguiente tabla (las segundas letras corresponden a las de los años bisiestos a partir del 29 de febrero):

Orden	Letra	Orden	Letra	Orden	Letra	Orden	Letra
1	FE	8	D	15	B	22	G
2	D	9	CB	16	A	23	F
3	C	10	A	17	GF	24	E
4	B	11	G	18	E	25	DC
5	AG	12	F	19	D	26	B
6	F	13	ED	20	C	27	A
7	E	14	C	21	BA	0	G

Así, para el año 2007 tenemos:

Orden en el ciclo solar = resto [(2007 + 9) / 28)] = 0

Es decir, la letra dominical del 2007 es G y por lo tanto el año comienza en lunes. Por último, la indicción romana se calcula con la fórmula:

Indicción romana = resto [(**año** + 3) / 15)]

Para 2007: **Indicción** = resto [(2007 + 3) / 15)] = 0.

Para evitar el uso del 0, a este valor se le asigna una indicción de 15.

En general, los anuarios astronómicos y eclesiásticos contienen las tablas y fórmulas necesarias para el cálculo de la fecha de Pascua. No fue, sin embargo, hasta el siglo XIX cuando el eminente matemático alemán Carl Gauss (fig. 4) introdujo un método numérico general para calcular esta fecha, conocido como *relaciones de congruencia de Gauss*. Según este sistema, el día de marzo en que se celebra la Pascua es:

$$D = 22 + resto\left(\frac{19 \cdot resto\left(\frac{a\tilde{n}o}{19} \right) + M}{30} \right) + resto\left(\frac{2 \cdot resto\left(\frac{a\tilde{n}o}{4} \right) + 4 \cdot resto\left(\frac{a\tilde{n}o}{7} \right) + 6 \cdot resto\left(\frac{19 \cdot resto\left(\frac{a\tilde{n}o}{19} \right) + M}{30} \right) + N}{7} \right)$$

Para el periodo comprendido entre 1900 y 2100, los parámetros **M** y **N** adquieren los valores de 24 y 5, respectivamente. Si hacemos los cálculos para el 2007, veremos que la fecha de pascua cae el 39 de marzo, esto es, el 8 de abril. Gauss también elaboró las fórmulas para el cálculo de los cuatro parámetros del cómputo eclesiástico. Para el áureo número y la indicción romana, las fórmulas ya se han expresado anteriormente. En el caso de la epacta,

$$Epacta = resto\left(\frac{53 - resto\left(\frac{19 \cdot resto\left(\frac{a\tilde{n}o}{19} \right) + M}{30} \right)}{30} \right)$$

Y la letra dominical queda:

Letra dominical = resto [((**D** − 22) + 4) / 7];

correspondiendo la "A" al valor 1, "B" al 2, etc. Una vez determinada la fecha de Pascua (**P**), el resto de fiestas móviles del calendario eclesiástico quedan determinadas de esta forma:

Septuagésima = **P** − 63
Martes de Carnaval = **P** − 47

Miércoles de Ceniza = P − 46
Ascensión = P + 39
Pentecostés = P + 49
Santísima Trinidad = P + 56
Corpus Christi = P + 60

Comentaremos por último el concepto de *ciclo pascual*, de 532 años, que resulta de multiplicar la duración del ciclo metónico y del solar (19·28), y que determina cada cuánto ambos coinciden. Si multiplicamos este período pascual por el ciclo de las indicciones, obtenemos un ciclo de 7980 años (= 532·15), llamado *ciclo juliano* (no por Julio César, sino por Julius Scaliger, padre del cronólogo Joseph Scaliger), que determina el periodo que tardan los tres ciclos en coincidir entre sí. El primer año del ciclo juliano (áureo número = ciclo solar = indicción = 1) fue el 4713 a.C. y el 1 de enero de ese año es una fecha de gran importancia porque determina el origen de la llamada *fecha juliana*, de gran utilidad en Astronomía.

3. SETI DESDE LA ASTROBIOLOGÍA: PROBLEMAS FUNDAMENTALES

La astrobiología es la parte de la biología que estudia las posibilidades y condiciones de vida fuera de la ecosfera terrestre. Científicos de todas las épocas se han preguntado si la vida es un fenómeno singular de nuestro planeta o si, por el contrario, el Universo ha evolucionado de forma que el fenómeno vital sea posible e incluso inevitable bajo multitud de condiciones diferentes. No fue, sin embargo, basta los años 50 del pasado siglo cuando se sentaron las bases para el nacimiento de esta nueva ciencia, en parte gracias a los entonces novedosos descubrimientos sobre genética molecular, química prebiótica y planetologia. Se trata, pues, de una disciplina reciente, pero que goza de un gran auge, debido en gran medida a los importantes y continuos avances que se realizan en todas las ramas del saber dedicadas al estudio de la vida y del Cosmos. No obstante, algunos científicos, como el paleontólogo George Gaylord Simpson[1] manifestaron sus dudas acerca del estatus científico de esta disciplina, en cuanto que aún no ha demostrado la existencia de su objeto de su estudio, esto es, la vida extraterrestre. En cualquier caso podría decirse que, si bien los astrobiólogos hay en día forman un grupo interdisciplinar dedicado a estudios de cuyos resultados emergen conclusiones aplicables al problema de la vida fuera de la Tierra[2], estos estudios por sí mismos posiblemente no

---

[1] Simpson, G.G. (1964). *The Non-Prevalence of Humanoids.* Science 143: 769-775.

[2] Seckbach, J.; Chela-Flores, J.; Owen, T.; Raulin, F. (eds.) (2004). *Life in the Universe. From the Miller Experiment to the Search for Life on Other Worlds. Cellular*

constituyen una rama ajena a la biología o la Astronomía. En efecto, la astrobiología actual se concentra en problemas científicos fundamentales y clásicos (el origen de la vida) pero bajo enfoques novedosos que pueden reportar resultados trascendentales en múltiples campos.

El objetivo fundamental de la Astrobiología es responder a una pregunta, sencilla pero trascendental (como todas las grandes preguntas en la historia de la Ciencia): ¿hay vida fuera de la Tierra? Para intentar responderla de una forma racional es necesario verificar que se comprenden bien todos sus términos. Si analizamos la pregunta, vemos que el término *vida* es el que aparece como mas vago, confuso y problemático. ¿Qué es la vida? Generaciones de científicos y filósofos han intentado en vano consensuar una definición de "vida", conjugando múltiples teorías y perspectivas. Hoy en día no es raro encontrar incluso en muchas referencias definiciones tautológicas del tipo "vida es el con junto de propiedades características de los seres vivos", para a continuación definir "ser vivo" como "toda entidad dotada de vida". Para definir los términos básicos en una ciencia hace falta aumentar el nivel de resolución[1], esto es, recurrir a Ciencias que traten sobre niveles más básicos de organización de la materia (en este caso, la bioquímica). De esta forma podemos llegar a convenir a qué nivel de complejidad es necesario para poder decir que la materia esta "viva" o, mejor aún, si existe un salto discreto o cualitativo que nos permita establecer esta frontera de manera objetiva. La definición de vida sería mucho más sencilla si no existieran una serie de organismos (virus y afines) que representan la frontera entre la materia viva y la inerte. En efecto, se puede decir que los virus son "seres vivos facultativos", es decir, que manifiestan las propiedades esperables en un ser vivo solo en determinados periodos (cuando se reproducen), mientras que el resto del tiempo se asemejan más a cuerpos inertes a cualquier otro organismo en cuanto a sus funciones vitales.

Origin, Life in Extreme Habitats and Astrobiology (COLE), Vol. 7. Kluwer Academic Publishers, Dordretch.

[1] Álvarez, J.R. (1988). *Ensayos metodológicos*. Universidad de León, León.

Posiblemente una de las definiciones más acertadas de "vida" sea la que propusiera hace años el astrónomo Carl Sagan: "vida es la capacidad de una entidad de reproducirse, mutar y reproducir sus mutaciones", pero incluso aceptando esta propuesta no seríamos capaces de discriminar de esta definición entidades convencionalmente inertes como, por ejemplo, los virus informáticos, que manifiestan una serie de propiedades asombrosamente similares a las de los seres vivos (aún siendo además únicamente "información" inmaterial). ¿O deberíamos ampliar nuestro concepto "subconsciente" de lo que es un ser vivo? La propia Tierra -y, en cierto sentido, todo el Universo- manifiesta propiedades -como la *homeostasis*- que se adscribe comúnmente a los organismos vivos (es la *hipótesis Gaia* de Lovelock y Margulies), aunque quizá sería más correcto decir que son ciertas "propiedades universales" las que se manifiestan también en los seres vivos. Ante esta situación aparentemente irresoluble, podemos recurrir a Ciencias aún mas basicas, como la Física, encontrando propuestas enormemente originales y sugerentes como la expuesta por Erwin Schrödinger[1].

En cualquier caso, parece cierto que si no podemos partir si quiera de un concepto sólido de "vida", pocas esperanzas podemos tener de reconocer una vida que ha nacido y evolucionado en condiciones inimaginablemente distintas. Es el famoso problema del "chauvinismo terrestre" de los científicos, que están preparados para encontrar vida más allá de la Tierra sólo si ésta se manifiesta tal y como la conocemos en nuestro planeta. En este sentido, se pueden proponer toda una serie de especulaciones más o menos gratuitas sobre la posibilidad de formas de vida completamente exóticas, muy atractivas desde el ámbito de la ciencia-ficción, pero que poco a aportan al avance de nuestro conocimiento sobre la vida. Por ejemplo, es francamente difícil conjeturar la existencia de organismos mínimamente complejos en ausencia de agua u otro disolvente polar, y tampoco es sencillo imaginar un elemento más

---

[1] Schrödinger, E. (1984). *¿Qué es la vida?* Tusquets, Barcelona.

idóneo que el carbono para configurar el esqueleto de las macro-moléculas que forman los seres vivos[1].

El estudio de la vida extraterrestre se ha establecido histórica-mente a través de dos vías diferentes, pero complementarias. Uno de ellos, en cierto sentido más "fundamental", que identificamos con la astrobiología propiamente dicha, es el que intenta determi-nar cuáles son las condiciones necesarias y suficientes para que aparezca y evolucione la vida y comprobar que lugares, a parte de la Tierra, cumplen estos requisitos. En ciertos casos, además, los avances en astronáutica nos permiten hacer constataciones empíri-cas in situ y comprobar si efectivamente los modelos propuestos se cumplen. Aún en los albores de la era espacial, sólo un mundo -la Luna- ha sido lo suficientemente explorado como para llegar a una conclusión (negativa, en este caso) sobre su capacidad de albergar vida. Debido a su relativa similitud con nuestro planeta, dentro del Sistema Solar es sin duda Marte el planeta con más probabilidades de soportar (o haber soportado) seres vivos, y por ello el esfuerzo de cientos de científicos se ha centrado en este pequeño planeta rojo durante los últimos 30 años.

El otro acercamiento hacia el problema de la vida fuera de nues-tro planeta consiste en intentar contactar con hipotéticas civiliza-ciones extraterrestres. Si es difícil conjeturar sobre la existencia de vida en otros mundos, hacerlo sobre la existencia de organismos en algún sentido equiparables a los humanos es prácticamente impo-sible. La tarea de calcular de forma mínimamente racional las pro-babilidades de intercambiar algún tipo de información con seres inteligentes de otros mundos es inabarcable, aunque se han hecho

---

[1] Bajo todo esto subyace, como se verá a continuación, un problema meramente estadístico: solo conocemos una forma de vida: la terrestre, y por tanto, es objeti-vamente imposible aventurar si se trata de un caso normal en del Universo (si es que realmente no es un caso único) o bien es una extravagancia, un valor espurio dentro de una hipotética diversidad de formas de vida existentes. Si algún día los astrobiólogos encontraran organismos vivos en otro mundo, no solo se trataría de, probablemente, la mayor revolución científica de la Historia, sino que además nos proporcionaría una base estadística para comprender qué es la vida y basta qué punto es inherente a la propia estructura del Cosmos.

algunos intentos. Parece lógico que, dada la ingente cantidad de estrellas con planetas potencialmente habitables a su alrededor que existe en el Universo, exista la posibilidad de que en alguno de ellos haya vida inteligente dispuesta a comunicarse con nosotros. No obstante, hoy en día carecemos de datos objetivos que soporten esta hipótesis. Pero sería absurdo dejar de invertir ciertos recursos en la tarea de intentar este contacto, sobre todo teniendo en cuenta los potenciales beneficios que tendría para la humanidad un resultado exitoso. Sobre esta base se han desarrollado históricamente varios programas que han intentado este primer encuentro, bien siendo nosotros los emisores (por ejemplo, los discos con información y grabaciones sobre la Tierra que portan las sondas *Voyager* y *Pioneer*) o los receptores, como en el programa SETI, que consiste en la "escucha" sistemática de ciertas radiofrecuencias procedentes de diversos puntos del firmamento en busca de posibles mensajes. En cualquier caso hay que tener en cuenta que, aunque el resultado de estas investigaciones fuera negativo, las conclusiones no dejarían de ser menos importantes, en cuanto que nos darían a conocer la extrema singularidad de ese fenómeno que se ha producido en este rincón del Cosmos.

En realidad, este último enfoque se inspira en uno de los más interesantes acercamientos al problema de la vida inteligente en el Universo, propuesto por el astrónomo Frank Drake hace ya casi 40 años[1]. Su famoso planteamiento consiste en partir del número de estrellas presentes en nuestra galaxia e ir descartando aquellos mundos en los que, según nuestro conocimiento, el desarrollo de una civilización inteligente resulta improbable. Así, considerando una Vía Láctea con unos 400.000 millones de estrellas, hay que descartar estrellas muy diferentes del Sol como posibles escenarios para la aparición de la vida. Entre las restantes, no podemos considerar los astros que carezcan de planetas adecuados y tampoco los que, aun así, no puedan desarrollar sistemas biológicos debido a sus restricciones fisicoquímicas, etc. De esta forma se llega a una fórmula de unos siete factores (existen varias versiones), cada uno de ellos representando la fracción del anterior que cumple las res-

---

[1] Drake, F.D. (1962). *Intelligent life in Space*. MacMillan, New Cork.

tricciones consideradas. Asignando valores convencionales a cada una de estas variables obtenemos una cifra redonda de entre 10 y 100.000 civilizaciones tanto o más avanzadas que la nuestra en la galaxia, considerando como último requisito el desarrollo de una tecnología radioeléctrica que permita la comunicación con otros planetas y que tal civilización no tienda a la autodestrucción. Este ha sido uno de los primeros intentos serios de sistematizar nuestros conocimientos sobre la posibilidad de vida inteligente fuera de la Tierra; no obstante adolece de algunos problemas:

- El primero de ellos, el más obvio y el mas difícilmente superable, radica en que toma como modelo (el único disponible hasta la fecha) el desarrollo de la civilización humana en la Tierra[1]. Esto implica, además, que desde un principio sólo puede considerar formas de vida tal y como aparecen aquí, a saber: estructura basada en polímeros regulares de compuestos de carbono y nitrógeno, fisiología establecida sobre enlaces covalentes e intercambios electrónicos, y autorreplicación y evolución darviniana. Este sistema parece tan natural que difícilmente podemos imaginar otro igualmente válido; al tiempo que nos impediría reconocer como formas vivas posibles entidades biológicas suficientemente exóticas en el Universo. Las conjeturas sobre una biología no terrestre cimentada en otras condiciones ambientales no se han desarrollado todavía suficientemente.

- A medida que dejamos, a lo largo de la fórmula de Drake, el terreno biológico y entramos en el desarrollo de las formas de vida similares a la humana, el nivel especulativo de las suposiciones planteadas se dispara. En definitiva, no podemos saber si los factores considerados son necesarios y suficientes; y tampoco nos es posible aventurar si los valores asignados a tales factores son acertados, ya que se basan en el único caso conoci-

---

[1] Véase, por ejemplo, Basalla, G. (2006): *Civilized life in the universe: scientists on intelligent extraterrestrials*. Oxford University Press, Oxford.

do (el desarrollo de la humanidad), del cual nos es imposible decir si es un caso típico.

- Enlazando con lo anterior, si deseamos emplear esta fórmula como una herramienta de trabajo y no como una simple combinación de hipótesis, es necesario tener en cuenta en todos los pasos de nuestro razonamiento la estimación del error que cometemos al proponer cada valor. Si acumulamos la amplitud del intervalo de confianza a lo largo de toda la fórmula veremos que, sea cual sea nuestro resultado final, el intervalo de posibles soluciones es lo suficientemente ancho como para considerarlo no informativo. Es decir, será prácticamente igual de probable el valor de 100.000 civilizaciones como el valor de 1 ó el de 100.000 millones.

Detrás de todas estas dificultades subyace un problema meramente estadístico: no podemos saber cuántos mundos parecidos al nuestro puede haber si nuestra muestra sólo cuenta con un caso. Esta cuestión ya se suscitó en una de las conferencias internacionales sobre Comunicación con Inteligencias Extraterrestres (SETI) celebradas por iniciativa de Carl Sagan[1], donde se dio cuenta de los intrincados problemas teóricos y prácticos que plantearían las comunicaciones entre civilizaciones y los viajes interestelares y que normal mente son obviados es especulaciones paracientíficas. Por ello la astrobiología, según muchos expertos, debería centrarse prioritariamente en la búsqueda de nuevas formas de vida en aquellos mundos que nos resulten accesibles a nosotros o a nuestros ingenios tecnológicos. El nacimiento de una "biología comparada" nos permitiría conocer cuán variables pueden ser las formas vitales posibles y hasta qué punto el ambiente condiciona las posibles semejanzas y diferencias respecto a los organismos terrestres. El hecho de que formas de vida similares hubieran sido capaces de aparecer en dos mundos distintos (con ciertas semejanzas) permitiría encauzar adecuadamente el posterior desarrollo de las investi-

---

[1] Sagan, C.E. (ed.) (1993). *Comunicación con inteligencias extraterrestres*. RBA, Barcelona.

gaciones. Si los estudios revelan, por el contrario, una biología totalmente exótica, esto podría permitir la noción de ser vivo, replanteando la posibilidad de hallar formas orgánicas en condiciones insospechadas.

Si poco sabemos sobre el origen y desarrollo de la vida, menos aun conocemos sobre los factores y contingencias que permitirían la aparición de civilizaciones equiparables a la nuestra. Pero existe un "atajo" en nuestra investigación: podemos comprobar de facto si efectivamente existen mundos tecnológicos entre las estrellas intentando comunicarse entre sí o incluso con nosotros. Asumiendo que la manera más funcional y económica de realizar esto consiste en el empleo de ondas de radio, el proyecto SETI (Búsqueda de Inteligencia Extraterrestre) lleva décadas escudriñando el cielo mediante radiotelescopios en busca de posibles seriales procedentes de nuestros vecinos cósmicos[1]. Mucho se ha discutido sobre la necesidad de financiar un proyecto de este tipo, basado en elucubraciones teóricas sobre probabilidades inciertas. De hecho el proyecto ha sufrido altibajos económicos importantes a lo largo de su historia. SETI es una apuesta en la que se arriesga un cierto capital (modesto en comparación con otros proyectos científicos), pero cuyos beneficios, en caso de éxito, no tendrían comparación. Si eventualmente se establece contacto con una civilización extraterrestre, la importancia de este acontecimiento trascendería a la de cualquier otro suceso conocido. Sería, en definitiva, el comienzo de una nueva etapa en nuestro desarrollo como especie, ahora formando parte de una comunidad de nuevas sociedades, culturas y conocimientos. Para muchos es una recompensa demasiado tentadora como para escatimar esfuerzos en el estudio del espectro de radio. Además, varias veces se ha comentado la utilidad de este proyecto fuera de su objetivo fundamental. La enorme cantidad de datos recogidos supone una gran contribución al desarrollo de la Astronomía, habiendo aportado nuevas conocimientos sobre

---

[1] Nosotros también hemos enviado mensajes empleando códigos sencillos, independientemente del empleo de ondas electromagnéticas en nuestras comunicaciones que, en su forma más intensa, se remonta a unos cincuenta años.

púlsares o radiación de fondo. Además, ha permitido poner a punta nuestra tecnología radioastronómica para los más diversos fines[1].

SETI ha de superar numerosos obstáculos, no solo económicos, para seguir siendo un proyecto viable e interesante. Como todo programa de investigación, ha de ser reevaluado constantemente a la luz de la nueva información proporcionada por los descubrimientos científicos. En este sentido, recientemente han surgido voces críticas desde el mundo escéptico que subrayan los problemas filosóficos inherentes a la idea de la inteligencia extraterrestre. Por ejemplo, Richard Dawkins[2] ha equiparado en un reciente libro la búsqueda de civilizaciones extraterrestres con la famosa "metáfora de la tetera" de Bertrand Russell[3]. Aún si se asume que SETI se basa en las expectativas de la ecuación de Drake —lo cual es gratuito-, no parece una comparación muy justa, en cuanto que considera esta fórmula como una hipótesis no falsable. Sencillamente, no es una hipótesis científica, sino más bien un programa de trabajo del que se derivan verdaderas hipótesis útiles que hacen avanzar nuestro conocimiento en muy diversas disciplinas. En definitiva, SETI no es una ciencia, lo cual no significa que sea irracional.

---

[1] Desde hace algunos años la labor del SETI se ha vista enormemente facilitada par el programa SETI at home. En efecto, la enorme cantidad de datos que son recogidos constantemente por la red de antenas desborda la capacidad de procesamiento de cualquier ordenador, por lo que los responsables del proyecto decidieron crear una red internacional para el tratamiento de los datos mediante Internet. El proceso es sencillo: la información que va siendo recogida es fragmentada en bloques de datos y enviada par la red a cualquiera de los dos millones de usuarios que actualmente conforman este proyecto. En cada terminal un sencillo programa "salvapantallas", que se ejecuta en los momentos de inactividad del ordenador, va procesando los datos en busca de señales significativas. En el supuesto de encontrar una de ellas se procedería a verificar exhaustivamente los datos, y si se confirmara el origen extraterrestre de la señal inteligente, el afortunado colaborador sería presentado como coautor del descubrimiento.

[2] Dawkins, R. (2007) *El espejismo de Dios*. Espasa, Madrid.

[3] Véase Ruiz, V.R. *¿Es SETI ciencia?* [http://rvr.blogalia.com/historias/54184].

4. Astronomía desde el Polo

Existen diferentes aspectos de la Astronomía de posición escasamente divulgados, por ejemplo la visualización de los fenómenos celestes ordinarios desde situaciones geográficas extremas o notables, como los Polos de la Tierra o el Ecuador. Al reflexionar sobre estas cuestiones no tardaremos en llegar a conclusiones inesperadas o cuando menos sorprendentes; en cualquier caso muy útiles para afianzar nuestros conocimientos sobre Astronomía básica.

Comencemos introduciendo la idea de *Polo geográfico* para, una vez asentados en los conceptos terrenales ascender a los dominios celestiales. Podemos suponer muy aproximadamente que nuestro pequeño planeta tiene forma esférica; la esfera es un cuerpo geométrico definido como el conjunto de puntos del espacio que equidistan –a una distancia llamada *radio*- de otro llamado *centro*. Al contrario que en otros cuerpos, la superficie de una esfera carece de puntos especiales en los que se cumplan propiedades particulares. Carece, por lo tanto, de un "centro" definido -me refiero a la superficie de la esfera, no a la propia esfera, que evidentemente tiene un centro- y por ello los cosmólogos utilizan esta figura como metáfora bidimensional del modelo más aceptado actualmente sobre la geometría espacial del Universo, según el cual éste, aun siendo finito, no posee límites ni centro al igual que la esfera.

Pero hete aquí que esta esfera rota sobre sí misma, a razón de una vuelta diaria. Diremos, en deferencia a los ptolemaicos[1], que la

---

[1] Mejor diríamos a los relativistas, porque Einstein demostró en su Teoría de la Relatividad General, que ambas situaciones son equivalentes a todos los efectos, y

situación sería equivalente a considerar que la Tierra está quieta y que es el resto del Cosmos el que gira a su alrededor; en este caso los Polos terrestres se determinarían por proyección de los celestes, y no a la inversa como veremos a continuación. En una esfera en rotación, cada punto describe una circunferencia al girar. Si unimos los centros de estas circunferencias aparece una recta llamada eje de rotación que atraviesa el centro de la esfera y a su superficie en dos puntos: los *polos*, que, al coincidir con este eje no realizan rotación alguna. Quedan así definidos dos puntos "notables" en esta superficie, a partir de los cuales se puede establecer otra referencia muy importante, llamada *ecuador*, que es la circunferencia trazada sobre la esfera cuyos puntos equidistan de los polos. En la esfera terrestre, la distancia angular entre un punto y el Ecuador se conoce como *latitud*, que vale 0° para los situados en Ecuador y (±) 90° para los Polos. Para definir inequívocamente la localización de un punto en la Tierra hace falta proporcionar otra coordenada, llamada *longitud*, que es la distancia angular a una circunferencia perpendicular al Ecuador —y que, por tanto, pasa por los Polos. Estas circunferencias se conocen genéricamente como *meridianos*, y en una esfera teórica sería imposible designar un meridiano concreto como el origen de las coordenadas. Sería como obligar al asno de Buridán a decantarse por una de las dos pacas de heno[1]. Afortunadamente en nuestro planeta existen multitud de accidentes y singularidades superficiales que permiten definir el meridiano que pasa por ellos como el "cero", de hecho tantos que la discusión bizantina sobre cuál era el más adecuado no se resolvió hasta hace bien poco, siendo el Reino Unido la nación que se llevó finalmente el gato al agua, pues como todos sabemos hoy medimos la latitud con respecto al meridiano que pasa por el Observatorio de Green-

---

por lo tanto indistinguibles. Lo único real es la rotación relativa entre ambos "cuerpos". La idea de rotación es, como la de cualquier otro movimiento relativo, una convención.

[1] En la tradición escolástica, este animal, hambriento, se encontró en su camino con dos hermosos fardos de comida exactamente iguales, situados a la mima distancia del sendero. Incapaz, por tanto, de decidirse por ninguno de ellos, el burro murió de inanición.

wich, cerca de Londres.

Introduzcamos ahora el concepto de *bóveda* o *esfera celeste*. Cuando miramos al cielo, los astros que vemos son tan lejanos que carecemos de sensación de profundidad y nos parece que todos están a la misma e indefinida distancia. Para nosotros el firmamento parece bidimensional, como la superficie interna de una esfera que suponemos centrada en el centro de la Tierra[1]. Pues bien, si prolongamos el eje de rotación de la Tierra hasta esta bóveda, la "atraviesa" en dos puntos equivalentes a los Polos de la Tierra llamados *Polos celestes*. Análogamente, el *Ecuador celeste* se obtiene por proyección del terrestre en esta esfera. El meridiano "cero" no se obtiene sin embargo, como podría sospecharse, proyectando el de la Tierra en el firmamento; los astrónomos han definido otro "Greenwich" celeste, un punto concreto del ecuador llamado punto equinoccial cuya definición se verá más tarde. El meridiano que pasa por él se llama *Meridiano 0*; y así cada punto de la esfera queda determinado por su distancia angular a éste (la *ascensión recta*) y al Ecuador (la *declinación*). Este sistema se conoce como de *coordenadas celestes ecuatoriales absolutas*.

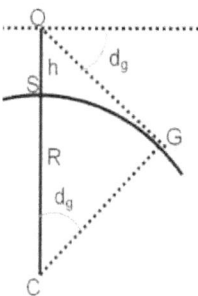

Fig. 1. *Divergencia y radio de visibilidad* **G** *para un observador* **O** *desde una altitud* **h** *sobre el punto* **S** *de la Tierra (radio* **R** = **CS**). *Se tiene que la divergencia* **d**$_g$ = *arccos* **(R/R+h)**.

Tras esta necesaria introducción vayamos finalmente al Polo terrestre a observar el cielo[2]. Por chauvinismo geográfico e histórico,

---

[1] En ciertos casos conviene centrarla en el propio punto de observación, hablamos entonces de *esfera topocéntrica* en contraposición a la anterior (*geocéntrica*), que es además un caso particular de esferas *astrocéntricas*: planetocéntricas, heliocéntricas, etc.

[2] En contra de la creencia popular, los Polos son buenos emplazamientos para la observación astronómica. Las bajas temperaturas enfrían las masas de aire, que, al aumentar su densidad, tienden a descender sobre estas regiones, creando un estado

todo lo que sigue se referirá al Polo Norte terrestre (PNT), aunque ni que decir tiene que es perfectamente aplicable, *mutatis mutandis*, al Polo antártico. Casualmente, el Polo Norte celeste (PNC) se sitúa muy cerca de la estrella Alrucaba, la más brillante de la constelación de la Osa Menor, y por ello se la llama *Polaris* o Estrella Polar[1]. Para facilitar la explicación, consideremos a partir de ahora que este astro está exactamente en el PNC. A 90° de latitud Norte contemplamos la Polar justo encima de nuestras cabezas, esto es, en el *cenit*. Si nos desplazamos ahora al Sur veremos que Polaris va descendiendo correlativamente en el cielo. Por cada grado perdido de latitud (unos 110 km) la Polar desciende un grado en *altura*, es decir, en distancia angular al horizonte. Si llegamos al Ecuador terrestre (ET) esta estrella se situará justamente en el horizonte y más allá, adentrándonos en el Hemisferio Sur, la perdemos de vista. De esto se deduce un hecho fundamental: *la altura de la Polar es igual a la latitud del lugar de observación*, algo utilizado en geografía y náutica desde tiempos remotos y que proporcionó una sólida prueba de la esfericidad terrestre. Como, por definición, el Ecuador y el Polo están a 90°; la altura del Ecuador celeste (EC) sobre el horizonte es la *colatitud* (= 90 − latitud) del lugar. Si el PNC está en el cenit eso significa que desde el Polo vemos el EC yaciendo justo sobre el horizonte, coincidiendo con él. Por lo tanto todo lo que vemos se corresponde con el Hemisferio Norte celeste y no vemos ni un ápice del Sur. Desde el centro de España, a unos 40° de latitud N (= altura de la Polar), vemos el EC levantado a 90 − 40 = 50° sobre el horizonte Sur y por lo tanto podemos ver los 50 primeros grados del Hemisferio Sur celeste. Evidentemente, desde el ET pueden verse totalmente ambos hemisferios, motivo de peso para decidir la ubicación de un buen observatorio.

Una pequeña digresión para comentar la observabilidad de los astros en el horizonte. Hemos dicho que desde el PNT el Hemisferio Sur es inobservable. Esto no es exacto, por lo menos en teoría. Suponiendo que no hay relieve que interrumpa las líneas visuales

---

de altas presiones (anticiclón) y cielos despejados casi permanentes. De hecho hay proyectada la construcción de un observatorio astronómico cerca del Polo Sur.

[1] En Marte, la Estrella Polar es Deneb, en la constelación del Cisne.

(lo cual, por cierto, en el Polo es bastante aproximado), la refracción atmosférica curva ligeramente la luz de los astros, tanto más cuanto más cerca están éstos del horizonte y más capas atmosféricas ha de atravesar su luz. Esta curvatura nos permite contemplar astros que teóricamente están bajo el horizonte, aunque con un brillo muy menguado precisamente por esta atmósfera que absorbe gran parte de su luminosidad (de hecho, en el horizonte mismo sólo son visibles la Luna y el Sol, éste último sin necesidad de protección alguna). La refracción nos ofrece aproximadamente medio grado adicional de visión por debajo del horizonte. Pero podemos añadir otro efecto, el causado por la curvatura de la Tierra. Así, para la

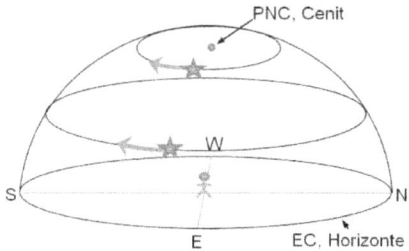

Fig. 2. *Movimiento diario aparente de los astros vistos desde el Polo Norte Terrestre.*

determinación del horizonte teórico se considera que la Tierra es una extensión plana e infinita, pero lo cierto es que su esfericidad limita el horizonte observable a una cierta extensión: la base de un cono tangente a la Tierra y con vértice en el observador. La distancia angular entre este horizonte real y el teórico se conoce como *divergencia* o *depresión*, y su valor depende en gran medida de la altitud del emplazamiento (fig. 1). Por ejemplo, a 5 m sobre el nivel del mar el radio de visión es de unos 8 km y la divergencia de sólo 4', pero a 2000 m de altitud este radio es de 1000 km y la divergencia es ya de 1,5º. El PNT está situado en aguas internacionales, sobre una espesa capa de metro y medio de hielo, así que podemos suponer que está más o menos a nivel del mar. Para un observador en ese punto, el ángulo de divergencia es prácticamente despreciable.

Debido a la rotación, todas las estrellas –y, muy aproximadamente, también los astros del Sistema Solar- describen una circunferencia diaria alrededor del PNC, en sentido directo (*antihorario*), paralela al EC (fig. 2). Como allí este EC está en el horizonte, resulta que los astros no salen ni se ponen nunca. Pero el Sol, en su movimiento anual aparente alrededor de la Tierra, no describe una circunferencia paralela al EC, sino que su trayectoria, llamada *eclíptica*, está inclinada unos 23,5º respecto a este Ecuador, y lo corta en dos puntos llamados *equinoccios*. Cuando el Sol llega al equinoccio de primavera, allá por el 21 de marzo, está atravesando el EC de Sur a Norte; lo contrario sucede en el de otoño, alrededor del 23 de septiembre. Desde el PNT, esto se traduce en que allí amanece y anochece una sola vez al año, coincidiendo con sendos equinoccios. Esto es más o menos extensible a los planetas, cuyas orbitas son aproximadamente paralelas a la eclíptica. Análogamente, sólo hay un orto y ocaso lunar mensuales. El ciclo anual de días y noches de seis meses se da en todas las regiones al N del *Círculo Polar Ártico*, a 66,5º de latitud. En efecto, partiendo del ET, a medida que incrementamos la latitud la diferencia temporal entre los periodos diurno y nocturno cerca de los solsticios es más acusada, hasta rebasar un límite (el Círculo Polar) tras el cual la noche desaparece en verano[1]: es el famoso *Sol de medianoche*, atracción turística en el Cabo Norte (Noruega) y otras localidades boreales. No obstante, incluso el día del solsticio de verano, cuando el Sol llega a

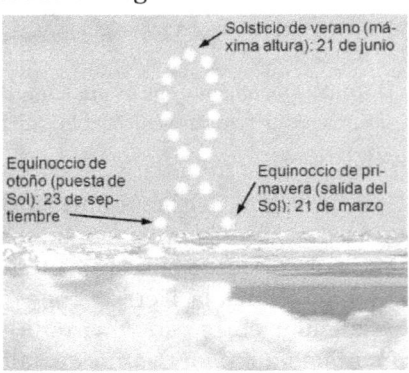

Fig.3. *Movimiento anual aparente del Sol visto desde el Polo Norte Terrestre.*

su máxima altura a mediodía, desde el PNT sólo se levanta 23,5º sobre el horizonte (apenas un palmo con el brazo extendido). La gran inclinación de los rayos solares en las latitudes árticas es la principal causa de las bajas temperaturas en estas regiones.

---

[1] Hablamos del periodo comprendido entre el ocaso y el orto solares, en realidad los correspondientes crepúsculos matutino y vespertino se solapan ya desde latitudes como la de París.

La fig. 3 muestra el movimiento anual del Sol visto desde el PNT. El hecho de que no sea una línea vertical se explica por los retrasos y adelantos acumulados respecto al día solar medio de 24 h, debidos a la excentricidad y oblicuidad de la órbita de la Tierra. Insistimos en que se trata del movimiento anual del Sol, es decir, su posición, tomada cada 24 h, durante todo el año (en este caso de equinoccio a equinoccio). La trayectoria diaria del Sol sería más bien una helicoidal que asciende desde el equinoccio de primavera al solsticio de verano, con las "espiras" cada vez más apretadas, para luego volver a descender y ocultarse tras el horizonte.

Pasemos ahora aun asunto algo más desconcertante. Todos hemos tenido que adelantar o retrasar los relojes al viajar al extranjero (o a Canarias). Con ello compensamos la diferencia horaria que existe entre zonas situadas en diferentes longitudes. En general se intenta que no haya una gran diferencia entre el horario oficial de una región y el definido en términos astronómicos, concreta-

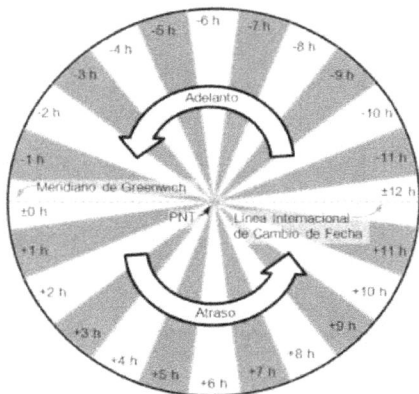

Fig. 4. *Disposición de los husos horarios alrededor del Polo Norte terrestre.*

mente por el mediodía solar, que es el instante en el que el Sol atraviesa el meridiano local (no confundir con el meridiano 0). Ésta es una circunferencia imaginaria que pasa por los puntos cardinales N y S y por el cenit, y es, lógicamente, una proyección celeste del meridiano geográfico local. Así, en función de la longitud del lugar, el mediodía tendrá lugar en diferentes momentos. Por convención, y con escasas excepciones, las correcciones horarias se hacen por horas completas, de forma que se han establecido 24 franjas o *husos* en la Tierra en cada una de los cuales rige teóricamente la misma hora oficial. Evidentemente estos husos, que abarcan cada uno 15º de longitud, llegan a los Polos, donde se producen situaciones curiosas. En latitudes intermedias como la de España hay que recorrer varios cientos de kilómetros para pasar de un huso al otro, pero cerca de los polos esta distancia se reduce a unos cuantos metros. Imaginemos que trazamos una circunferencia de 1 m de radio -o tan pequeño como se quiera- alrededor del PNT y caminamos por ella rodeando el Polo en sentido horario (fig. 4). En cada paso que demos se recorren varios husos horarios y en consecuencia habría que estar cambiando la hora en nuestro reloj constantemente. Caminando en ese sentido además compensamos y superamos de sobra la rotación terrestre, de forma que en cierto modo estamos "ganando tiempo" al adelantar la hora. Para hacer lo mismo en latitudes medias tendríamos que desplazarnos a velocidades supersónicas. Más aún, cuando llegamos a la *Línea Internacional de Cambio de Fecha* (que coincide aproximadamente con el antimeridiano de Greenwich) se nos obliga a retrasar (cruzando hacia el Este) o adelantar (hacia el Oeste) un día entero nuestro calendario. Incluso en avión es casi imposible cruzar esta línea en el mismo sentido más de una vez en el mismo día, pero cerca del Polo podemos hacerlo sin problemas. Cada vuelta que demos alrededor de él ganamos o perdemos un día.

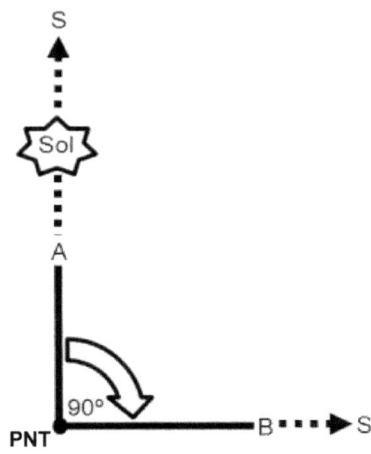

Fig. 5. *Variación del mediodía solar local con la longitud cerca del Polo Norte Terrestre.*

Esto no es sólo una elucubración geográfica, se llega al mismo resultado calculando directamente la hora solar en las inmediaciones del Polo: sean dos observadores A y B situados a 1 m del PNT y formando un ángulo recto entre sí respecto a este punto (fig. 5). Supongamos que A tiene el Sol sobre su meridiano local y por lo tanto para él es mediodía (12 h). Sin embargo, para B aún quedan unas 6 h para que el Sol pase por su meridiano local, para él son las 6 de la mañana, hora solar. Recordemos que, aunque a ambos observadores les separan menos de 1,5 m, están a 90º de longitud entre sí. Supongamos ahora que usamos relojes de sol. Como es bien sabido, el gnomon ha de colocarse paralelo al meridiano local y apuntando al PNC. Si colocamos correctamente dos relojes en meridianos opuestos –a ambos lados del PNT- estarán lógicamente enfrentados entre sí y señalarán horas diametralmente opuestas (con una diferencia de 12 h) por muy próximos que estén el uno del otro. Para evitar estos problemas, se ha acordado que la hora oficial en las regiones de latitudes extremas sea la señalada por el *Tiempo Universal Coordinado* (UCT), basado en la hora del Meridiano de Greenwich (GMT). En realidad, en las bases científicas cercanas al PNT se una generalmente la hora del huso de Moscú, y en las antárticas, la de Nueva Zelanda.

Pero ¿qué sucede en el mismo Polo? Al tratarse teóricamente de un punto sin extensión, no tiene ninguna longitud y, por tanto, tampoco huso horario asignado. Lo mismo puede decirse del PNC, que no tiene una ascensión recta determinada[1]. Por lo tanto, y desde el punto de vista astronómico, los Polos carecen de hora definida. Supongamos que estamos exactamente en el PNT y queremos calcular la hora para no utilizar la "importada" de nuestros relojes sincronizados en otras latitudes. Para ello hemos de localizar el meridiano local, y por lo tanto el punto cardinal S. A poco que pensemos nos daremos cuenta de que es imposible determinar este punto: ¡todo el horizonte está en dirección S!. En efecto, desde el PNT es imposible orientarse o dirigirse a ninguna otra dirección que la S. No hay, por lo tanto, meridiano local ni mediodía posibles. Ni que decir tiene que tampoco es útil intentarlo de noche, calculando el tiempo sidéreo, ya que ésta se basa en la distancia angular entre uno de los puntos equinocciales y... el meridiano local.

Epílogo: hemos estado suponiendo que el PNT es un punto de localización fija, lo cual no es exacto, aunque ello no compromete nada de lo dicho anteriormente. Lo cierto es que se está desplazando continuamente, debido principalmente a las redistribuciones

---

[1] Generalmente, las coordenadas de estos puntos se señalan como 90º, 0º; aunque esto no es muy correcto.

internas de la masa planetaria asociadas a procesos geológicos, tanto a corto (seísmos, deshielos) como a largo plazo (deriva continental, orogenias). Este movimiento es muy complejo, y en él se solapan componentes periódicos y aperiódicos no del todo conocidos. La velocidad del desplazamiento es de aproximadamente 1 m al año. Al ser el PNC una proyección del PNT, se desplaza solidariamente con él, introduciendo un error en las coordenadas celestes de los astros que es necesario corregir. Este movimiento es permanentemente monitorizado por el *Servicio Internacional de la Rotación de la Tierra* (IERS), el organismo que define los sistemas de referencia para las coordenadas geográficas y celestes. Añádase el hecho de que el PNT no yace sobre una plataforma continental sólida, sino sobre placas de hielo móviles (y, si hacemos caso a los estudiosos del cambio climático, dentro de poco sobre la superficie oceánica), por lo que este desplazamiento es mucho más acusado e impredecible aún.

5. Apuntes de Selenología

I. Datos físicos

1. La Luna es el único satélite natural de la Tierra. De vez en cuando se informa del descubrimiento de ciertos asteroides que, en los medios de comunicación, se les llama "segundas lunas", como el caso de Cuithne. En realidad no son satélites terrestres, si no objetos coorbitales con nuestro planeta (es decir, que tardan un año en dar una vuelta alrededor de la Tierra). Sus órbitas, llamadas "en herradura", son inestables y acaban escapando de esta situación en unos cuantos siglos.

2. En números redondos, el diámetro de la Luna es ¼ del de la Tierra. Su superficie es de un 7 % (más o menos la superficie de América). Su masa es el 1,2 % de la masa terrestre, y, por tanto, su gravedad superficial es aproximadamente 1/6 parte de la existente en la superficie de nuestro planeta (más de la que le correspondería por masa ya que en la superficie de la Luna estamos un poco más cerca de su centro). Su densidad es de un 60 % de la densidad de nuestro planeta. La luna llena brilla 2.500 veces más que Venus, el tercer astro más brillante del cielo, y 150.000 veces menos que el Sol. Está a unos 385.000 km de media del centro de la Tierra, es decir, a 1,2 segundos-luz (la luz lunar tarda en llegar a nosotros ese tiempo, por lo que en realidad cuando miramos a la Luna no la vemos como es ahora, sino como era hace 1,2 s).

3. El sistema Tierra-Luna es un caso excepcional en el Sistema Solar: es la Luna más grande con respecto a su planeta, por lo que casi constituyen un "planeta doble". Añádase el hecho de que los planetas interiores o "rocosos" se caracterizan por no tener satélites o tenerlos muy pequeños (como Marte, cuyas lunas en realidad son asteroides capturados).

4. El tamaño aparente de la Luna, vista desde la superficie de la Tierra, es de medio grado aproximadamente (un grado es más o menos el ángulo que subtiende en la bóveda celeste el ancho del dedo índice con el brazo extendido). Como veremos más tarde, hay pequeñas variaciones periódicas en este tamaño, difícilmente apreciables a simple vista.

5. El llamado *espejismo lunar* es un efecto óptico, de naturaleza desconocida, que nos hace ver la Luna hasta un 30 % mayor cuando está cerca del horizonte. Sin embargo, se puede comprobar que su tamaño aparente no varía apreciablemente, simplemente tapándola con el dedo. Cuando la luna está baja en el cielo, no sólo no está más cerca sino que, de hecho, está hasta un 1,7 % más lejos (hay que añadir entonces el radio de la Tierra).

II. El movimiento de la Luna

1. En principio puede parecer sorprendente que la Luna (el astro nocturno por excelencia) se vea en ocasiones también de día (¡el Sol no se ve de noche!). En realidad los movimientos de ambos astros están desacoplados. La Tierra invierte un año en completar una vuelta completa alrededor del Sol. Desde nuestro planeta – independientemente de su movimiento diario debido a la rotación de la Tierra- vemos, por tanto, al Sol recorrer toda la bóveda celeste al cabo del año, es decir, recorre los 360° de la circunferencia en unos 365 días, por lo que podemos decir que recorre aproximadamente un grado al día. La Luna, que da una vuelta a la Tierra cada algo menos de un mes, se mueve 13 veces más rápido que el Sol en el cielo (hay unos 13 meses lunares al año), es decir, se mueve 13° al día o medio grado a la hora, por lo que se puede decir que reco-

rre su propio diámetro aparente cada hora. Esto hace que cada día salga por el este y se ponga por el oeste con unos 51 minutos de retraso respecto al día anterior.

2. En verano, durante las fechas cercanas al solsticio, en el Hemisferio Norte el Sol alcanza gran altura sobre el horizonte al mediodía. Se dice que su órbita aparente alrededor de la Tierra –la eclíptica- está muy alta. Los rayos solares inciden en la superficie casi verticalmente (las sombras son muy cortas) y aportan gran poder calorífico por unidad de superficie. Esto, añadido al hecho de que los días son más largos, explica por qué hace tanto calor en verano. Sin embargo por la noche nos situamos –por la rotación terrestre- al "otro lado" de la Tierra, y la Luna y los planetas, que comparten aproximadamente la misma trayectoria celeste que el Sol, no se separan mucho del horizonte durante toda la noche[1]. Todo lo contrario ocurre en invierno: el día es mucho más corto, el Sol está siempre muy bajo, pero por la noche la Luna y los planetas suben alto en el cielo, facilitando su observación. Evidentemente, desde el Hemisferio Sur la situación se invierte.

3. Todos los veranos se suele hablar de la "luna más grande del año". Se refieren a la Luna llena que se produce cerca del solsticio, que alcanza por lo tanto la mínima altura posible de todo el año. Al estar toda la noche tan cerca del horizonte, se acentúa el "espejismo lunar" que nos hace verla excepcionalmente grande.

III. La órbita de la Luna

1. La Luna está en órbita con respecto a la Tierra. Isaac Newton fue el primero en comprender que la gravedad es una fuerza universal, responsable tanto de que la Luna no "escape" como de que, por ejemplo, las manzanas maduras caigan del árbol. Cuando lan-

---

[1] Observar los planetas en las noches veraniegas puede resultar bastante frustrante: hay que esperar mucho a que se oculte el Sol (o darse prisa antes de que salga) y, además, al estar tan bajos, su luz atraviesa gruesas capas de atmósfera contaminada de luz y polvo en suspensión, que desvirtúan notablemente las imágenes telescópicas.

zamos un objeto con cierta fuerza (velocidad inicial), describe una parábola y cae al suelo. Si le conseguimos imprimir suficiente velocidad (11,2 km/s, la *velocidad de escape* de la Tierra), por ejemplo mediante un cohete espacial, la parábola que describe es tan amplia que se convierte en una curva cerrada: el objeto ya no caerá nuca a la superficie, está "en órbita". Esta velocidad, como explicó Kepler en su III Ley, es tanto mayor cuanto menor es la distancia a la Tierra —y es, por lo tanto, independiente de la masa del cuerpo. Para el caso de la Luna, que está a unos 60 radios terrestres de media del centro de la Tierra, es de alrededor de 1 km/s.

2. Otra forma de interpretar este fenómeno es suponer que la Luna posee un movimiento resultante de dos "componentes" perpendiculares entre sí. En realidad la Luna está cayendo constantemente hacia la Tierra, pero durante esta caída, simultáneamente, se desplaza también lateralmente lo suficiente como para que la curva que describe se compense exactamente con la curvatura de la superficie de la Tierra subyacente, por lo que, a fin de cuentas, nunca se acerca a nosotros.

3. Es incorrecto afirmar que un cuerpo órbita alrededor de otro. En realidad ambos cuerpos orbitan alrededor de un centro de masas común o baricentro situado en la línea que une sus respectivos centros de gravedad. Si los dos cuerpos tienen la misma masa, este punto equidistará de ambos. Si uno tiene una masa el doble que la del otro, entonces este baricentro estará el doble de cerca de éste cuerpo que al otro. Si su masa triplica al del otro, estará tres veces más cerca, y así sucesivamente. En el caso del sistema Luna-Tierra, ésta tiene una masa 81 veces superior que la de aquélla, por lo que el baricentro se sitúa a 1/81 parte de la distancia Tierra-Luna. Es un punto tan cercano al centro de la Tierra que, de hecho, está dentro de nuestro planeta, a unos 1.600 km de profundidad. La Tierra "rota" alrededor de este punto una vez al mes, y este movimiento causa la llamada *desigualdad mensual* en la posición aparente del Sol y otros astros cercanos.

4. La Luna gira alrededor de la Tierra en sentido directo o antihorario (en el sentido contrario al de las agujas del reloj visto el conjunto desde una posición sobre el Polo Norte terrestre) una vez cada 27,3 días (*mes sidéreo*). En este sentido gira también la Tierra sobre sí misma y alrededor del Sol. Este es también el sentido más frecuente seguido por la rotación y translación de todos los planetas del Sistema Solar y de sus satélites. Todos los astros salen cerca del punto cardinal E y se ponen cerca del W, pues tal es su movimiento diario aparente, pero su movimiento propio (el que se aprecia siguiendo la posición del astro noche tras noche a la misma hora) es de W a E.

5. Visto desde una posición sobre uno de los polos solares, el movimiento de la Luna, combinado con el movimiento de translación terrestre, describe anualmente una línea ondulada con 13 "picos" y 13 "valles" (las 13 lunaciones anuales).

6. La órbita de la Luna es una elipse ligeramente excéntrica, con la Tierra en uno de sus focos (I Ley de Kepler). La excentricidad no es constante, sino que se ve perturbada por la acción gravitatoria del Sol y otros astros masivos, oscilando con un periodo de unos 210 días.

7. Esta excentricidad hace que la distancia a la Tierra no sea constante, pasa por un mínimo (*perigeo*, a unos 363.000 km) y por un máximo (*apogeo*, a unos 406.000 km). El diámetro aparente de la Luna varía consecuentemente entre 32' 42" y 29' 22". Si el apogeo se produce en dirección al Sol o hacia un planeta masivo, éste "tira hacia sí" de la Luna aumentando excepcionalmente la distancia hasta más de 407.000, o acercando el perigeo a menos de 357.000 km. El periodo de tiempo entre dos perigeos sucesivos es de 27,55 días (*mes anomalístico*).

8. La línea imaginaria que une apogeo y perigeo se llama *línea de ápsides*, y no se mantiene constante, sino que se mueve de manera compleja (avanzando, parando y retrocediendo alternativamente, debido, nuevamente, a la influencia gravitatoria de los as-

tros cercanos), aunque la resultante total es que completa una revolución a la Tierra cada casi 9 años.

9. El plano de la órbita de la Luna no coincide con el plano de la órbita de la Tierra alrededor del Sol (la eclíptica), sino que están inclinados unos 5° 8' (la inclinación oscila entre 5° y 5° 17' con un periodo de 173 días) y se cruzan en dos puntos llamados *nodos*, uno en el que la luna rebasa "hacia arriba" la eclíptica (*nodo ascendente*) y otro diametralmente opuesto en el que la atraviesa "hacia abajo" (*nodo descendente*). El periodo de tiempo que emplea la Luna en cruzar dos veces consecutivas el mismo nodo es el *mes draconítico* (27,2 días), y para el Sol es el *año eclíptico* (346,6 días). Cuando el Sol y la Luna coinciden cerca de estos puntos se produce un eclipse. Los puntos nodales tampoco se mantienen fijos en la eclíptica sino que se mueven unos 3' al día. El periodo que invierten en dar una vuelta completa en la bóveda celeste es el *periodo de retrogradación del nodo*, de 18 años y 224 días.

10. Esta inclinación orbital hace que cada mes la Luna alcance su altura máxima y mínima relativas en sendas fechas. Análogamente, hay dos días al mes en los que la Luna sale y se pone exactamente por lo puntos cardinales E y W.

11. La culminación cenital[1] del Sol sólo es posible en las regiones geográficas comprendidas entre los Trópicos de Cáncer y Capricornio, en diferentes fechas (en los solsticios para los Trópicos, en los equinoccios para el Ecuador, y en fechas intermedias para latitudes intermedias). Para el caso de la Luna, cuya órbita se inclina algo más de 5 grados respecto a la eclíptica, esta franja es algo mayor. En la Península Ibérica puede llegar elevarse hasta 80° sobre el

---

[1] Se dice que un astro *culmina* cuando alcanza su máxima altura diaria sobre el horizonte. Este momento se produce cuando transita o atraviesa el *meridiano local*. Los meridianos son líneas imaginarias que describen círculos máximos en el cielo que pasan por los polos celestes. El meridiano local es aquél que, además, pasa por el cenit o punto más alto de la bóveda celeste para cada observador. La "culminación cenital" se refiere a un astro que llega a culminar en el cenit en algún momento.

horizonte (= 52° debidos a la latitud + 23° debidos a la inclinación de la eclíptica + 5° debidos a la inclinación de la órbita lunar).

12. De igual forma que la eclíptica y el ecuador terrestres están inclinados 23,5°; el plano orbital de la Luna presenta una cierta inclinación con respecto a su plano ecuatorial, de 6,7°. Esto hace que este plano ecuatorial presente mensualmente dos inclinaciones máximas (*solsticios*) y dos nulas (*equinoccios*) con respecto a la Tierra. Como el eje de rotación lunar también está afecto de una cierta *precesión* –inherente a todo cuerpo en rotación-, el periodo que pasa entre dos equinoccios sucesivos (*mes trópico*) no coincide exactamente con el mes sidéreo (es 7 segundos más corto).

13. El hecho más notable del movimiento mensual de la Luna es, lógicamente, la presencia de fases. Cuando la Luna está pasando entre el Sol y la Tierra (está en *conjunción*), la estrella está iluminando la cara que no vemos: es la Luna nueva o *novilunio*. En la posición diametralmente opuesta (en *oposición*), el Sol ilumina de pleno la cara visible de la Luna (Luna llena o *plenilunio*). En las posiciones intermedias, se ilumina una fracción cada vez menor de la cara visible (fase menguante) hasta rebasar un novilunio, tras el cual la fracción iluminada vuelve a crecer (fase *creciente*). La *edad* de la Luna se refiere al número de días transcurridos desde el último novilunio. Cuando Sol, Luna y Tierra forman un ángulo recto (están en *cuadratura*), se ilumina exactamente la mitad de la cara visible del satélite: es el *cuarto creciente* (en forma de 'D') o *menguante* (en forma de 'C'). Cuando la fracción iluminada supera este 50% se habla de *luna gibosa*, y cuando no llega a él, de *lúnula*.

14. En realidad, debido a la inclinación de la órbita lunar, ni si quiera durante un plenilunio la iluminación alcanza al 100 % de la cara visible; siendo aún observable teóricamente el *terminador*[1] cerca de los polos lunares. Análogamente, durante los novilunios, si no fuera por el resplandor solar se vería una estrechísima lúnula

---

[1] El terminador es la línea de cualquier astro que separa la superficie iluminada de la obscura.

dirigida a la estrella. La fase sólo alcanza teóricamente los valores máximos (0 % y 100 %) durante los eclipses totales de Sol y Luna (cuando el ángulo Sol-Tierra-Luna alcanza 0° y 180°), respectivamente.

15. En una noche despejada podemos ver un cierto resplandor en la zona no iluminada de la Luna: es la *luz cenicienta* que, como afirmó Galileo, se debe al reflejo de la luz que a su vez refleja nuestro planeta en su superficie. En cada momento, la fase de la Tierra vista desde la Luna es la complementaria de la de la Luna vista desde la Tierra.

16. El periodo comprendido entre dos plenilunios sucesivos (*mes sinódico* o *lunación*) es más largo que el mes sidéreo (dura 29,5 días). Esto se debe a que, durante el tiempo que invierte la Luna en dar una vuelta a la Tierra, ésta a su vez se ha movido alrededor del Sol (aproximadamente una treceava parte de su translación anual, o 30°), por lo que la posición del Sol – y, por tanto, de su punto diametralmente opuesto, donde se produce la oposición- al cabo de ese mes ha cambiado significativamente. Han de pasar más de dos días para que la Luna recorra esos 30° adicionales y vuelva a estar en oposición.

17. Recapitulando, vemos que hay hasta cinco formas diferentes de definir el mes lunar: por el periodo de translación de la Luna (mes sidéreo), de plenilunio a plenilunio (mes sinódico), de equinoccio a equinoccio (mes trópico), de nodo a nodo (mes draconítico), y de apogeo a apogeo (mes anomalístico). Vemos que las duraciones de estos periodos son diferentes entre sí, y además, a largo plazo, son inconstantes en el tiempo. Esto nos da una idea de la extrema complejidad de la órbita lunar (y eso que hemos omitido otros movimientos secundarios, como la *evección*, la *variación*, la *ecuación anual* o la *aceleración secular*), constantemente alterada por la influencia gravitatoria de otros astros. La ecuación completa que describe el movimiento de la Luna tiene más de 1000 términos. Varios astrónomos a lo largo de la historia consagraron toda su vida a dilucidar cada uno de ellos.

18. En contra de la creencia popular, ningún aspecto de los estudiados tiene la menor influencia sobre la tasa de nacimientos humanos ni sobre el sex-ratio de los neonatos. Un estudio de la Asociación Leonesa de Astronomía realizado sobre más de 13.000 nacimientos registrados en el Hospital de León entre 1997 y 2003 (uno de los más amplios realizados en España) demostró que la fase de la Luna no tiene efecto alguno sobre el número de nacimientos o la proporción de sexos de los mismos. Este estudio corrobora los resultados de decenas de estudios anteriores en todo el mundo que reflejan conclusiones similares. La Luna tampoco influye sobre las tasas de criminalidad, la germinación o producción de cultivos, etc.

IV. Mareas

1. Las mareas son las oscilaciones periódicas del nivel de los océanos debidos a la atracción gravitatoria de la Luna. En realidad la acción gravitatoria se ejerce igual sobre toda la materia de la Tierra, pero en el agua, al ser una masa fluida, su efecto es mucho más patente; no obstante también existen pequeñas mareas de escasos milímetros en las masas continentales. Igualmente existen mareas atmosféricas.

2. Estas mareas terrestres provocan fricciones entre las masas rocosas de la corteza terrestre que liberan una pequeña fracción de la energía cinética de la rotación terrestre en forma de calor. Como consecuencia, la rotación se va ralentizando muy poco a poco (el día se alarga 1 segundo cada 100.000 años). En efecto, los días terrestres ha perdido 14 h a lo largo de la historia de nuestro planeta. Hay pruebas paleontológicas que demuestran que a principios del Paleozoico los días sólo duraban 20 h.

3. Cada cierto tiempo se añade 1 segundo al último día del año para compensar éste y otros efectos, p. ej. las *nutaciones*, el desajuste entre el año civil gregoriano y el año sidéreo, o entre éste y el año trópico (debido a la precesión de los equinoccios).

4. Este efecto de marea es 24 veces más intenso ejercido por la Tierra sobre la Luna, lo que detuvo por completo el primitivo movimiento de rotación de este astro hasta acoplarlo perfectamente a su translación. La Luna tarda lo mismo en dar una vuelta sobre sí misma que alrededor de la Tierra, por lo que siempre ofrece una misma cara visible hacia nuestro planeta. Otros satélites, como los de Marte o los "galileanos" de Júpiter, también están acoplados a sus respectivos periodos de translación.

5. La acción gravitatoria lunar es inversamente proporcional al cuadrado de la distancia, de forma que afecta con relativa intensidad a la superficie oceánica del hemisferio terrestre encarado hacia la Luna en cada momento, y un poco menos intensamente a las profundidades oceánicas de ese hemisferio. Tal diferencia crea un "abultamiento" (reforzado por la fuerza centrífuga que ganan las masas de agua que se elevan en las zonas ecuatoriales) en este hemisferio. Pero la Luna atrae también hacia sí el fondo oceánico del hemisferio opuesto, "separándolo" de la masa de agua suprayacente, sobre la cual la acción gravitatoria es, relativamente, mínima. Esto también crea un segundo "abultamiento" diametralmente opuesto al primero, creando una marea un 5 % menos intensa que ésta.

6. La rotación hace que cada punto de la superficie se mueva en relación con estos dos "abultamientos", de forma que cada región terrestre sufre dos mareas cada día lunar (24 h 51').

7. El Sol también ejerce fuerzas de marea sobre la Tierra, un 46 % más débiles que las debidas a la Luna. Cuando Sol y Luna están alineados (durante el novilunio y el plenilunio) suman sus fuerzas, creando mareas especialmente elevadas (*mareas vivas*). Cuando forman un ángulo recto (cuartos creciente y menguante), se contrarrestan y generan las *mareas muertas*.

8. Existe un desfase entre la culminación de la Luna en una determinada región y la formación en ella de una marea, debida a la rotación de la Tierra y a la inercia de las enormes masas oceánicas

que se movilizan. Como consecuencia, los dos "abultamientos" terrestres nunca están alineados con la Luna, y atraen a su vez a la Luna de forma tangencial, acelerándola en su órbita. Como consecuencia del llamado principio de conservación del momento de inercia, la Luna reacciona alejándose levemente para conservar su velocidad orbital. En efecto, la Luna se aleja de nosotros a razón de unos 4 cm al año, tal como demuestran las mediciones precisas realizadas cronometrando con relojes atómicos el tiempo empleado por rayos láser emitidos desde la Tierra en ser reflejados por espejos especiales instalados a tal efecto por los astronautas de las misiones Apolo en la superficie de la Luna. Este alejamiento es cada vez más lento, lo cual se retroalimenta con el hecho de que las mareas provocadas por una Luna cada vez más lejana son menores (también lo son las "mareas terrestres" y el frenado de la rotación terrestre). Cuando la Luna se formó poco después de formarse la propia Tierra, estaba a escasos 20.000 km de la Tierra y su tamaño aparente allí era 15 veces mayor que el actual.

9. Este alejamiento tiene otras consecuencias curiosas: los eclipses solares totales actuales tienen lugar por la coincidencia entre los tamaños aparentes del Sol y la Luna vistos desde la Tierra. Cuando, por estar cerca de un apogeo, el tamaño aparente de la Luna es algo menor, no tapa totalmente el disco solar, produciendo un eclipse anular. En la antigüedad remota, con una Luna mucho más cercana que ahora, estos eclipses anulares eran imposibles. Análogamente, los eclipses totales que disfrutamos en la actualidad se extinguirán en un futuro lejano en el que sólo habrá eclipses anulares. Estamos viviendo el único momento de la historia de nuestro planeta en la que conviven ambos fenómenos. Estadísticamente se puede demostrar que los eclipses anulares son cada vez más frecuentes, en detrimento de los totales.

V. El origen de la Luna

1. Aunque históricamente se han propuesto varias hipótesis, la teoría más en boga actualmente defiende que, debido a la similitud química con la Tierra, la Luna en realidad es una parte "desgajada"

de nuestro planeta. Al parecer, poco después de que la propia Tierra se formara (y cuando poseía aún, por tanto, consistencia fluida) un planeta del tamaño de Marte colisionó con ella. Como consecuencia del impacto se liberó al espacio una gran cantidad de materia que quedó orbitando a la Tierra en forma de anillo. Como la distancia a tal anillo superó el *Límite de Roche*[1,] se condensó rápidamente (parece ser que en menos de 24 h desde la colisión) en una "protoluna", origen de la Luna actual.

2. Debido a la atracción gravitatoria terrestre, la Luna tiene una ligera forma ovalada, con el eje mayor orientado hacia nuestro planeta. Las capas internas de su estructura no son perfectamente concéntricas, sino que están ligeramente desplazadas hacia nosotros. Por ejemplo, la corteza lunar es 90 km más gruesa en la cara oculta que en la visible. Cuando la Luna poseía actividad volcánica, esto facilitó que las coladas magmáticas se evacuaran preferentemente por la cara visible, lo que explica la mayor frecuencia de llanuras de lava o "mares" en esta cara que en la opuesta.

VI. Libraciones lunares

1. La Luna posee ciertos movimientos de oscilación o "cabeceo" periódicos que, combinados, hacen visibles desde la Tierra hasta un 9% de su cara teóricamente oculta. Estos movimientos, denominados genéricamente *libraciones lunares*, se clasifican en *libraciones ópticas* o *aparentes* y *libración física*. A su vez, se distinguen tres tipos de libraciones ópticas: *paraláctica*, *posicionales* y

---

[1] Cuando un satélite se acerca lo suficientemente a su planeta y atraviesa el "Límite de Roche" (una distancia que depende de la masa del planeta), las fuerzas de marea son tan intensas que despedazan a esta Luna, cuyos fragmentos eventualmente quedan formando un anillo alrededor del planeta. Este parece ser el origen de los anillos de Saturno, que continúan cayendo en espiral hacia el planeta, contra el que chocarán en un futuro. Análogamente, si un anillo supera este límite tiende a condensarse en un cuerpo compacto.

rotacional[1]. Las libraciones ópticas son movimientos aparentes de la luna debidos a simples efectos de perspectiva. Sólo la libración física es un movimiento "real" de oscilación de este astro.

2. La libración óptica paraláctica o diurna es posible gracias a la relativa cercanía de la Luna. Cuando está culminando, por ejemplo, sobre Europa, desde Extremo Oriente la están viendo ponerse sobre el horizonte W, y desde allí pueden ver, por perspectiva, pueden ver un cierto sector del Este lunar invisible para nosotros (a costa de perder de vista una región correspondiente del Oeste). Análogamente, desde América ven al satélite saliendo por el E y ven en él algo más de su zona Oeste de lo que es visible desde aquí. Lógicamente, desde las regiones polares terrestres también se alcanza a ver algo más de las respectivas regiones polares lunares ocultas.

3. Las libraciones posicionales se deben efectivamente a la posición relativa de la Luna con respecto a la Tierra. Como se ha indicado anteriormente, el plano ecuatorial lunar está algo inclinado con respecto a su plano orbital, por lo que presenta mensualmente dos solsticios en los que su inclinación hacia la Tierra es máxima, mostrando alternativamente las zonas polares N y S que durante los equinoccios permanecen ocultas. Adicionalmente, su plano orbital también está inclinado con respecto a la eclíptica, por lo que registra cada mes libraciones latitudinales que pueden sumarse o contrarrestar a las anteriores.

4. La libración rotacional se debe a que la velocidad de rotación lunar es aproximadamente constante, pero no así su velocidad de translación –aunque la velocidad media de ambos movimientos, al cabo del mes, es igual. La translación se acelera al acercarse al perigeo y viceversa (II Ley de Kepler) y se adelanta o retrasa, respec-

---

[1] Tradicionalmente, las libraciones ópticas se dividen en libraciones *en latitud* y *en longitud*, sin embargo hemos preferido esta clasificación en función de la "causa" de estos movimientos, ya que en cada una de estas dos clases concurren libraciones de diferente génesis.

tivamente, respecto a la rotación, inclinando longitudinalmente a la Luna y descubriendo alternativamente franjas marginales normalmente ocultas.

5. La libración física se debe a la atracción que ejercen las protuberancias oceánicas originadas durante las mareas sobre la Luna, inclinando levemente su eje longitudinal orientado hacia la Tierra (véase punto V. 2). Su amplitud es mucho menor que la debida a las libraciones ópticas.

VII. Geología lunar.

1. Los elementos del relieve lunar más evidentes son, por supuesto, los cráteres, casi todos ellos formados por el impacto de meteoroides sobre su superficie a lo largo de miles de millones de años. Como la Luna carece prácticamente de atmósfera, todos los fragmentos rocosos espaciales, por pequeños que sean, acaban impactando sobre su superficie a gran velocidad, originando su relieve característico. La cronología relativa de tales cráteres se establece sabiendo que lógicamente, los impactos más recientes se superponen a los más antiguos. Éstos últimos, además, presentan relieves muy desgastados y alterados. Además de cráteres, la observación telescópica distingue cadenas montañosas, fallas, cañones, cráteres volcánicos, etc.

2. La mayor parte de la superficie de la Luna está cubierta por una gruesa capa de fino polvo llamada regolito, formada por la abrasión secular de las rocas superficiales. La Luna es, actualmente, un mundo geológicamente inactivo. La ausencia de atmósfera e hidrosfera hace que los dos únicos agentes modeladores del relieve sean el impacto meteorítico y la llamada *termoclastía*: la diferencia de temperatura entre las regiones iluminadas y las obscuras puede llegar a ser de varios cientos de grados centígrados. Las rocas de la superficie se ven sometidas, por tanto, a intensas dilataciones y contracciones mensuales que acaban desgajándolas y pulverizándolas a lo largo de millones de años.

6. La proyección cartográfica de los eclipses solares

Comencemos recordando algunos aspectos básicos de la naturaleza de este fenómeno astronómico. Como todos sabemos, los eclipses solares se producen cuando la Luna se interpone entre el Sol y nuestro planeta, proyectando una sombra sobre una cierta región de la Tierra desde la cual se ve la estrella ocultada durante un determinado periodo de tiempo. Alrededor de este cono de sombra aparece otro de *penumbra*[1], desde el cual se aprecia sólo una ocultación parcial, en mayor o menor grado, del Sol. Existen dos criterios clasificatorios diferentes -que muchas veces se confunden- en función del punto de vista desde el que se analice el fenómeno. En primer lugar, para una determinado lugar en la geografía terrestre, un eclipse de Sol atraviesa diversas fases, comenzando cuando los limbos de ambos astros parecen tocarse (instante llamado *primer contacto*). Posteriormente comienza la fase de *parcialidad* en la que paulatinamente la Luna va cubriendo una superficie cada vez mayor del disco solar. Por lo general esta será la única fase del eclipse ya que, superado un momento de máxima ocultación (el *máximo* del eclipse), los astros vuelven a alejarse aparentemente y el eclipse concluye con un *último contacto* entre

---

[1] A veces se explica la penumbra como si fuera una especie de "sombra difusa" creada alrededor de la verdadera sombra por algún extraño proceso de dispersión o difracción a través del contorno de la Luna. Por el contrario, la penumbra no es más que la región del espacio iluminada parcialmente por un Sol parcialmente ocultado. Cualquier objeto iluminado por una fuente de luz no puntual (como el Sol) proyecta un cono de sombra rodeado por otro de penumbra.

sus bordes, esta vez por el lado opuesto al anterior. En otras ocasiones, la Luna llegará a cubrir completamente la superficie del Sol durante unos instantes: es la fase de *totalidad*, a la que sigue simétricamente otra parcialidad al descentrarse ambos cuerpos en el cielo antes de finalizar el fenómeno. Si el tamaño aparente de la Luna es menor que el del Sol en ese momento, será el disco solar el que rebose por el contorno del satélite, formándose un "anillo" de Sol durante unos minutos que forman la llamada fase de *anularidad*. En esos casos se dice que es la *antisombra*[1] de la Luna la que incide sobre la Tierra. Así llegamos a las conocidas tres clases: eclipses *parciales*, *totales* y *anulares*. Pero obsérvese que esta tipología sólo es válida para un determinado observador situado en unas coordenadas concretas. De hecho, como vemos, un mismo eclipse puede ser contemplado hasta de las tres formas distintas desde diferentes regiones, por un simple efecto de perspectiva o *paralaje*. Atendiendo, sin embargo, al desarrollo general del fenómeno en toda la Tierra, obtenemos la siguiente clasificación (fig. 1):

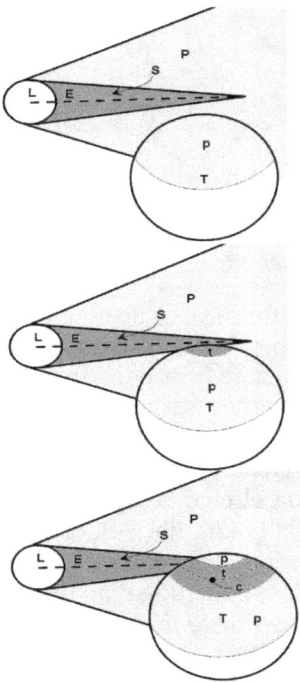

Fig. 1. Clasificación general de los eclipses solares. De arriba a abajo: eclipse parcial, eclipse de límite único y eclipse central. L: Luna. T: Tierra. E: eje Sol-Luna. P: cono de penumbra. p: banda de parcialidad. S: cono de sombra. t: banda de totalidad. c: línea de centralidad.

---

[1] En un eclipse anular, la Luna está tan alejada de la Tierra que el cono de sombra que proyecta, con base en el contorno lunar, no llega hasta la superficie de nuestro planeta, pero si prolongamos la generatriz del cono más allá de su vértice obtenemos un cono de antisombra simétrico al anterior, que sí llega a la Tierra.

- **Eclipses centrales**: el cono de sombra y/o de antisombra incide completamente en algún punto de la geografía terrestre. Por lo tanto, existe una región (*banda de totalidad/anularidad*) desde la cual se observa en algún momento la fase de totalidad (o anularidad) del fenómeno y, dentro de ella, hay además una *línea de centralidad* desde la que se pueden ver ambos astros completamente concéntricos[1] en un determinado instante. Más allá de la banda de totalidad/anularidad se extiende otra mucho más amplia (*banda de parcialidad*) desde la cual el eclipse no pasa de ser parcial. En raras ocasiones sucede que, al evolucionar un eclipse anular a la largo de la curvatura de la Tierra, el vértice del cono de sombra sí llega a tocar la superficie en una determinada región (desde la cual el eclipse se ve como total) para, normalmente, volver a separarse de ella unos kilómetros más allá y recuperar su anularidad. Se habla entonces de eclipse *mixto* o *híbrido*[2].

- **Eclipses no centrales**: el cono de sombra o de antisombra no incide completamente, o no lo hace en absoluto, en la Tierra. Así, tenemos:

- *Eclipses de límite único*: el cono de sombra o de antisombra no incide completamente sobre la Tierra, es decir, uno de sus límites sí lo hace pero el opuesto se pierde en el vacío sin llegar a contactar con el planeta. Estos eclipses tienen banda desde la cual se aprecia la fase de totalidad o anularidad, pero pueden carecer de línea de centralidad si el eje que une el centro del Sol y la Luna no atraviesa la Tierra, esto es, desde ningún punto se podrían ver ambos astros perfectamente concéntricos. La totalidad/anularidad se observa sólo desde regiones polares, y uno de los límites

---

[1] Esto es, si pudiéramos ver el Sol a través de una Luna transparente.

[2] Ocasionalmente un eclipse híbrido comienza directamente como total.

de la correspondiente banda[1] coincide con el borde del hemisferio iluminado por el Sol en ese momento. Como el efecto de acercamiento/alejamiento al vértice del cono de sombra por la curvatura terrestre es mínimo en las zonas de elevada latitud, estos eclipses no pueden ser mixtos.

- *Eclipses parciales*[2] (en sentido estricto): el cono de sombra o de antisombra no incide sobre la Tierra, que sólo atraviesa el cono de penumbra de la Luna. Desde ningún punto del globo, en ningún momento, se observa la fase de totalidad/anularidad, como mucho una parcialidad de mayor o menor magnitud. A pesar de lo que pudiera parecer, estos eclipses pueden observarse desde regiones muy amplias, no necesariamente de elevada latitud. Sin ir más lejos, el eclipse que se ve desde España el 4 de enero de 2011 es de este tipo.

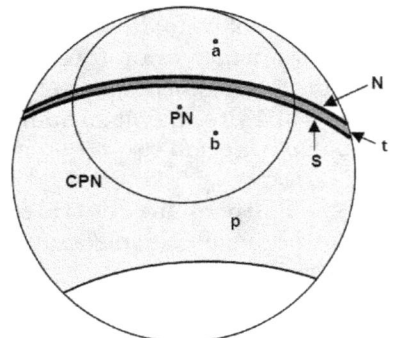

Fig. 2. *Eclipse avanzando en sentido E-W.* **PN**: *Polo Norte.* **CPN**: *Círculo Polar Norte.* **p**: *banda de parcialidad.* **t**: *banda de totalidad.* **N**: *límite N.* **S**: *límite S.*

Antes de continuar, conviene aclarar un par de aspectos muy importantes:

1) En general, el sentido geográfico de avance de un eclipse (es decir, de la sombra de la Luna) es de W a E, esto es, en el mismo sentido que la rotación de la Tierra. Por ello, los primeros en contemplar el fenómeno son los habitantes de la parte más oc-

---

[1] Como el cono de sombra o antisombra lunar incide de forma casi tangencial, estas bandas pueden tener miles de km de anchura.

[2] A veces llamados *penumbrales,* por contraposición al resto que serían *umbrales* o *de sombra.*

cidental del hemisferio diurno. Análogamente, observamos que el primer contacto entre ambos astros acontece en el borde occidental del Sol y que la Luna lo atraviesa en dirección W-E[1], independientemente de que, como es lógico, ambos astros se mueven simultáneamente hacia poniente como consecuencia de la rotación terrestre.

Sin embargo, sorprendentemente hay eclipses que avanzan de E a W. ¿Cómo es esto posible? Cuando vemos la imagen de la Tierra desde el espacio, tendemos a pensar que el hemisferio que se representa coincide exactamente con un hemisferio geográfico, es decir, que el contorno del disco planetario se corresponde con un meridiano, cuando no tiene por qué ser así. Imaginemos que observamos nuestro planeta desde el Sol en un día cercano al sols-

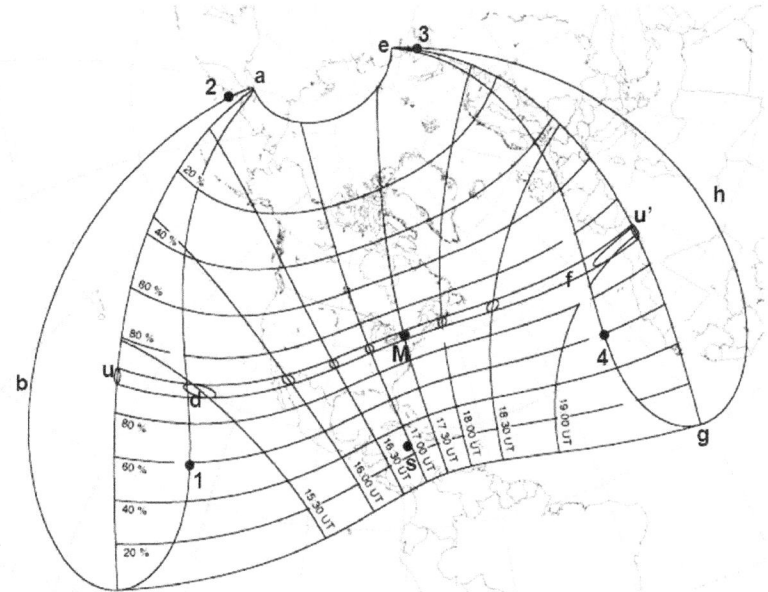

Fig. 3. *Eclipse de tipo I (10 de mayo de 1994). Proyección estereográfica. Modificado de Espenak (2009).*

---

[1] Recordemos que la Luna recorre 12° diarios, mientras que el Sol se mueve apenas 1° en ese periodo, por lo que es "adelantado" por aquélla todos los meses.

ticio de verano en el Hemisferio Norte (fig. 2). Evidentemente, veremos la mitad iluminada por el Sol y el eje de rotación inclinado hacia nosotros, de forma que se aprecia completamente la región ártica hasta el Círculo Polar. Si en esos momentos la Luna produce un eclipse, el cono de sombra puede proyectarse perfectamente "por encima" del Polo Norte y, por tanto, la totalidad/anularidad se mueve de E a W vista desde esa región. Más aún, los observadores situados en **a** y **b** contemplan simultáneamente eclipses parciales de la misma magnitud pero ¡con la sombra de la Luna avanzando en sentidos opuestos! Curiosamente, el límite S de la banda (es decir, el proyectado por la zona S del limbo lunar) está, geográficamente, al N, y viceversa.

2) Como consecuencia de lo anterior, el principal componente que contribuye al desplazamiento hacia el E de la sombra lunar por la geografía terrestre no es la rotación, sino el propio movimiento orbital (también hacia el E, pero mucho más rápido) de nuestro satélite. De hecho, la rotación de la Tierra ralentiza[1] este desplazamiento haciendo que, para cada observador, el fenómeno dure un poco más que si nuestro planeta no girara (salvo en el caso especial de los eclipses "invertidos" comentados más arriba). A pesar de ello, todavía se pueden encontrar textos respe-

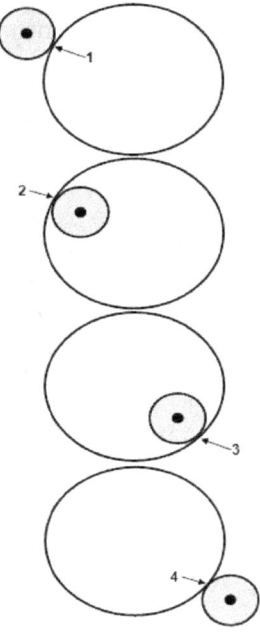

Fig. 4. *Los cuatro puntos de contacto del cono de penumbra con la Tierra (vista desde el Sol). Círculo blanco: Tierra. Círculo gris: cono de penumbra. Círculo negro: cono de sombra.*

---

[1] Y provoca que la duración total del eclipse (para el conjunto de la Tierra) sea memenor.

tables[1] donde se afirma justo lo contrario. Tal vez la confusión venga de considerar "angularmente" las velocidades de giro de la Tierra su satélite; desde este punto de vista evidentemente el planeta se mueve mucho más deprisa ya que completa su circuito en sólo 24 h frente al mes que tarda la Luna, ¡pero su recorrido es mucho menor! En realidad, vistos ambos cuerpos desde el espacio (por ejemplo desde el Sol, desde donde se puede considerar que ambos están prácticamente a la misma distancia), observaríamos que un punto situado en el ecuador terrestre se desplaza a 1.666 km/h, mientras que la Luna en ese periodo ha recorrido más de 3.400 km de su órbita (casi 1 km/s). La diferencia nos da precisamente la velocidad de la sombra lunar en el ecuador, unos 1.700 km/h, que llegan a 3.400 km/h en las regiones polares donde el efecto compensatorio de la rotación es prácticamente nulo. Por último, el movimiento "propio" del Sol hacia el E durante un eclipse se puede considerar, para un determinado observador, despreciable a efectos prácticos.

Para entender la representación geográfica de un eclipse solar hay que tener siempre en mente este, por así llamarlo, principio general:

> Cada una de las fases del eclipse acontece en un determinado instante (en tiempo universal), pero son observadas desde las distintas regiones de la Tierra en momentos diferentes (en tiempo local).

Dicho de otra forma, dos observadores desde lugares distintos de la banda de totalidad/anularidad contemplarán, por ejemplo, el comienzo del eclipse, en momentos diferentes del día, no sólo por el hecho de estar posiblemente en diferentes husos horarios, sino también porque la sombra de la Luna tarda un cierto tiempo en moverse entre ambos puntos. De ahí viene la confusa expresión "duración del eclipse": para un determinado observador, el Sol

---

[1] "El movimiento de esta sombra [del eclipse] depende sobre todo del giro de nuestro planeta pero no es ajeno, aunque en menor medida, a la translación lunar" (Muñoz Box 2003, p. 35).

permanece como mucho ocultado un par de horas, pero, considerando el fenómeno en conjunto para toda la Tierra, puede superar las 6 h. A esto se añade, además, el mencionado efecto de paralaje por el que observadores de diferentes zonas ven, en un determinado instante, diferentes grados de ocultación con los consiguientes retrasos o adelantos relativos en los momentos de contacto entre ambos discos.

La figura 3 expone un mapa "clásico" de un eclipse solar. La interpretación de estos esquemas no es sencilla ya que intentan representar simultáneamente la evolución espacial y temporal del fenómeno[1]. La banda **uu'** es la banda de totalidad/anularidad -desde la cual se aprecia en algún momento esta fase- dividida longitudinalmente por la línea de centralidad (no dibujada), desde la que, además, se llegan a ver ambos astros concéntricos. En esta banda, los pequeños óvalos son la proyección de la sombra lunar dibujada cada 30 min. A los lados de esta banda, y con límites en las líneas **ae** y **cg**, se extiende la banda de parcialidad, desde la cual se observa un eclipse parcial de duración y magnitud[2] crecientes hacia la centralidad, estando este último valor representado por líneas "paralelas" a la centralidad en intervalos de 20%. Los puntos situados en la línea **ae** (o **cg**) observarían el paso tangente de la Luna nueva por el S (o por el N) del Sol o, si se prefiere, un eclipse de magnitud nula y de duración infinitesimal. Más allá de estos límites se apreciaría un acercamiento entre ambos astros, pero sin verificarse un eclipse. Las isolíneas "perpendiculares" a las anteriores reúnen, en intervalos de 30 min, los puntos de la geografía terrestre que observan el máximo del eclipse a una determinada hora (en TU), independientemente de la magnitud que alcance localmente este máximo. En estos mapas se suele representar también el *punto máximo* (**M**), desde el que se observa la máxima duración de la totalidad, y el *punto subsolar* (**S**), que tiene al Sol en el cenit en ese momento. Los contactos externos del cono de penumbra de la Luna con nuestro planeta se producen en **1** y **4**, respectivamente,

---

[1] Una explicación más técnica se puede leer en Cayley (1878).

[2] La magnitud es la fracción de diámetro solar aparente inmerso tras la silueta de la Luna en un determinado instante.

mientras que los internos acontecen en **2** y **3** (fig. 4). Por su parte, los contactos de la sombra acontecen en **u** y **u'** respectivamente. En el área **aegc** todas las fases del fenómeno se desarrollan con el Sol a cierta altura. Concretamente, los puntos situados en la línea **adc** (línea de *inicio al orto*) contemplan el inicio del eclipse justo cuando el Sol sale por el horizonte. Al W de esta línea el Sol ya sale parcialmente ocultado y no se puede ver todo el desarrollo del fenómeno. Exactamente bajo la línea **auc** el Sol sale durante la fase de máxima ocultación: es la línea de *máximo al orto*. Más al W sólo se contemplan las últimas fases del eclipse tras el amanecer (por ello **u** se sitúa en **auc** y no más al W), y los observadores desde la línea **abc** (*fin al orto*) teóricamente podrían ver el último contacto con el Sol despuntando por el horizonte. Más allá el eclipse acontece enteramente con el Sol bajo el horizonte y no es visible. Análogamente, desde la línea **efg** el eclipse concluye exactamente con el Sol poniéndose (línea de *fin al ocaso*), y más al E anochece sin que haya finalizado: en la línea **eu'g** se oculta durante el máximo desarrollo del eclipse (*máximo al ocaso*) y bajo **ehg** lo hace cuando el eclipse está sólo comenzando (*inicio al ocaso*), por lo que los espectadores situados más al E ya no lo pueden ver.

Podemos preguntarnos qué observan los habitantes de las localidades situadas exactamente en los puntos **a**, **e**, **c** y **g**. Éstos se ubican en los límites exteriores del eclipse parcial por lo que, de apreciar algo, solo verían un contacto puntual externo entre los discos de ambos astros, que es máximo desarrollo del eclipse que puede acontecer en esas zonas (por ello están, además, en la líneas de máximo). Adicionalmente, **a** y **c** se sitúan, simultáneamente, en las líneas de inicio y fin al orto, por lo que se entiende que el eclipse dura sólo un instante justo cuando está amaneciendo. Análogamente, desde **e** y **g** contemplan este contacto con el Sol poniéndose por el horizonte.

Este diagrama sólo es válido cuando la proyección de la penumbra queda completamente contenida en el hemisferio diurno por lo menos en algún instante. Meeus (2003) distingue hasta seis tipos adicionales en función de la geometría del fenómeno, correspondiendo el *tipo I* al arriba explicado. Así,

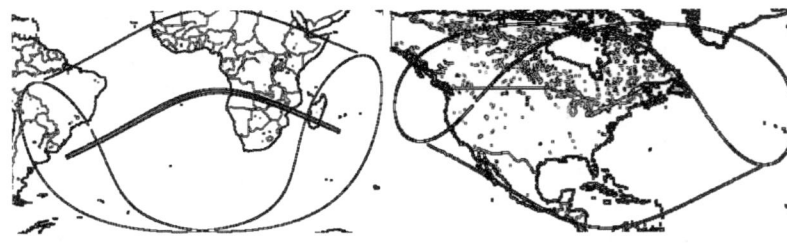

Fig. 5. Eclipse de tipo II (21 de junio de 2001). Proyección estereográfica.

Fig. 6. Eclipse de tipo III (25 de diciembre de 2000). Proyección estereográfica.

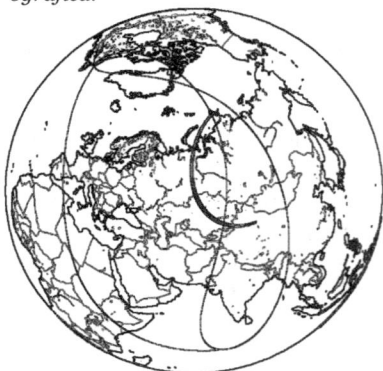

Fig. 7. Eclipse de tipo IV (7 de marzo de 1970). Proyección ortográfica.

Fig. 8. Eclipse de tipo V (22 de septiembre de 1968). Proyección ortográfica.

Fig. 9. Eclipse de tipo VI (12 de septiembre de 1931). Proyección ortográfica.

Fig. 10. Eclipse de tipo VII (29 de abril de 2014). Proyección ortográfica.

86

- puede que parte de la penumbra lunar "rebose" por el borde N (ó S) del disco planetario, aunque la sombra/antisombra sí se proyecte contra la Tierra (*tipo II*, fig. 5). En este caso las líneas de inicio y fin convergen en un punto llamado *nodo*[1], formando una figura en "8", por lo que el eclipse carece de límite N (ó S).

- Cuando la Tierra atraviesa sólo parcialmente el cono de penumbra y además no recibe la sombra lunar (eclipse parcial estricto), se produce un eclipse de *tipo III*, cuyo mapa es similar al caso anterior pero en esta caso lógicamente sin banda de totalidad/anularidad (fig. 6).

- En los eclipses de tipo I en los que el borde N (ó S) de la penumbra "entra" y "sale" del contorno de la Tierra por el mismo lado respecto al meridiano central[2], el mapa del eclipse cambia significativamente (*tipo IV*) porque, si el "óvalo" occidental (u oriental), formado por las líneas de inicio y fin al orto (o al ocaso) es similar a las del tipo I, el "óvalo" opuesto adquiere forma de "8" (fig. 7). La identidad de todas las líneas se corresponde con las del tipo I pero, curiosamente, el borde occidental del bucle menor es *otra* línea de comienzo al orto (o al ocaso) mientras que su otro borde es una línea de fin al orto (o al ocaso) adicional. Esto implica que, a lo largo del transcurso del eclipse, hay dos zonas distintas de la Tierra en las que el eclipse comienza al amanecer (o anochecer) y otras dos en las que finaliza al amanecer (o anochecer).

-Cuando la inmersión y la emersión de la banda de totalidad/anularidad acontecen ambas al mismo lado del hemisferio

---

[1] Este punto pertenece a la vez a las líneas de inicio y fin al orto y al ocaso, es decir, en esa localidad la salida y la puesta del Sol son simultáneas. En efecto, para cada fecha del año hay una determinada latitud en la que el Sol desciende hasta el horizonte para volver a ascender sin ocultarse. En el nodo, además, acontecería el contacto del eclipse en ese mismo instante.

[2] El que divide al hemisferio diurno en dos partes simétricas.

diurno de la Tierra tenemos un eclipse de *tipo V*. El mapa de visibilidad se asemeja a los de tipo II, pero en este caso la banda no cruza entre ambos bucles, sino que nace y muere en el mayor de ellos (fig. 8). Por lo tanto, no hay ningún punto del planeta en el que el eclipse, en su fase de totalidad o anularidad, comience o termine al ocaso (o al orto).

- El *tipo VI* es una variante del tipo III en el que la zona afectada por el eclipse no está cruzada por el meridiano central. En el mapa de visibilidad del fenómeno aparece un único "óvalo" (dentro del cual los observadores contemplan el eclipse mientras el Sol sale o se está poniendo) flanqueado a uno u otro lado por la zona de parcialidad (fig. 9).

- Finalmente, el *tipo VII* se corresponde con los eclipses de límite único en los que sólo parte de la sombra lunar incide sobre la geografía terrestre. La representación geográfica de estos eclipses es análoga a la de los de tipo III, salvo por el hecho de que aparece una pequeña zona alrededor del punto máximo desde la cual se contempla la totalidad durante unos segundos, con el Sol muy bajo en el horizonte (fig. 10). Esta zona de sombra posee un único límite (de ahí el nombre), ya que el opuesto vendría señalado por el propio terminador de la Tierra. Puede que exista incluso una línea de centralidad. En casos excepcionales el nodo se sitúa en esta banda de totalidad/anularidad, y en sus cercanías pueden producirse situaciones curiosísimas que veremos a continuación.

Merece la pena explorar en detalle la secuencia de eventos que acontecen cerca del nodo[1]. Paradójicamente, las líneas de máximos al orto y al ocaso (que, salvo en los eclipses de tipo I y IV, son una misma línea) no pasan exactamente por el nodo, sino que delimitan con él una pequeña área triangular como se expone en la fig. 11. Si estamos al N del Ecuador, la línea **ac** es la de fin en el horizonte, mientras que la **bc** es la línea de comienzo en el horizonte; por

---

[1] El razonamiento que sigue supone que no hay refracción.

tanto **c** es el nodo. Pues bien, la línea de máximo en el horizonte sería **ab**, y siempre se sitúa al N del nodo en el hemisferio boreal (y viceversa). Entre ambos aparece el área **1**. Además, siempre habrá un paralelo geográfico **P** (de latitud, por cierto, igual a la codeclinación solar) tangente a las tres líneas que delimita con ellas las áreas **2** y **3**. En invierno, este paralelo constituye un límite de observabilidad, más al N del cual el Sol ya está bajo el horizonte. Desde estas tres zonas el eclipse dura todo el día (un día muy corto dada la elevada latitud), ya que el Sol sale y se pone con el eclipse "en marcha". La única diferencia es que, si desde **1** pueden ver el máximo del eclipse, desde **3** anochece antes de este momento y desde **2** amanece después.

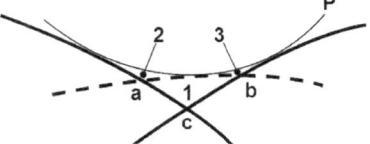

Fig. 11. Nodo de un eclipse.

Si el eclipse acontece en el verano septentrional, el polo está ahora iluminado permanentemente y se sitúa dentro de la banda de parcialidad. Por lo tanto toda la figura 11 se invierte y el paralelo **P**, que pasa a ser una tangente interna a las tres líneas, ya no es un límite de visibilidad. Desde el nodo todo el eclipse transcurrirá durante la corta noche local: observan su comienzo justo con la puesta de sol y su fin a la mañana siguiente. Una explicación detallada se encuentra publicada en Snow (1922).

Referencias:

Cayley, A. (1878): Geometrical considerations on a solar eclipse. Quart. J. Pure Appl. Math. 15: 340-347.

Espenak, F. (2009): Eclipse predictions. NASA/GSFC. [www.eclipse.gsfc.nasa.gov]

Meeus, J. (1997): Mathematical Astronomy Morsels. Willmann-Bell, Richmond, 384 pp.

Muñoz Box, F. (2003): Las Medidas del Tiempo en la Historia. Calendarios y Relojes. Universidad de Valladolid, Valladolid, 152 pp.

Snow, A. (1922): The node of solar eclipses, and related phenomena. Popular Astron. 30: 28-31.

7. LAS GARRAS DEL LEÓN

La Naturaleza y sus leyes permanecían ocultas en la noche.
Pero dijo Dios: ¡Sea Newton!
Y todo fue luz.
Sir Alexander Pope (1688-1744)

El papel desempeñado por el pensamiento de Newton en el desarrollo científico es incuestionable. En cierto sentido, todos se-
guimos siendo hoy en día newtonianos, si bien el colosal avance
que él mismo propició han hecho que hoy interpretemos su visión
del mundo como la "forma clásica", los sólidos cimientos de un
paradigma científico en plena expansión. En una ocasión preguntaron a Isaac Asimov quién había sido el más grande científico de
todos los tiempos. Con su habitual elocuencia, el Buen Doctor respondió que lo realmente difícil sería elegir al segundo mayor científico de la historia, ya que por lo menos una docena de ellos reúnen
méritos suficientes para tal distinción (Galileo Galilei, Charles
Darwin, Albert Einstein, etc), pero como la pregunta es quien ha
sido el primero, la respuesta es muy sencilla: Isaac Newton. Newton formuló la *Ley de la Gravitación Universal* y *las Tres Leyes del
Movimiento*, creando con ello la Dinámica y la Mecánica Celeste
modernas. En Matemáticas, inventó el cálculo integral e infinitesimal, las ecuaciones diferenciales y creó su famoso Binomio, con
múltiples aplicaciones. En Física, es el fundador de la Acústica, la
Espectrografía y de la Óptica, al explicar la propagación de las ondas y la teoría corpuscular de la luz. Todos sabemos que es el in-
ventor de los *newton* o telescopios de espejos, pero pocos saben

que además inventó el sextante y el microscopio reflector. Hay que tener en cuenta que cualquiera de estas proezas, por sí sola, hubiera servido para encumbrar a Newton en la élite de los grandes científicos. Todas juntas convierten inevitablemente al físico británico en el mayor de los genios. Según el historiador de la ciencia Adolfo Rivero Caro "los descubrimientos de Newton fueron tantos y tan importantes que la Ciencia necesitó más de cincuenta años para asimilarlos completamente. Newton fue el ser humano más importante del milenio que acaba de concluir."

SIR ISAAC NEWTON.

Isaac Newton nació en la aldea de Woolsthorpe el 25 de diciembre de 1642 (4 de enero de 1643 según el calendario gregoriano). Su madre, viuda, se hizo cargo de un niño enfermizo que pocos creían que saliera adelante. Desde pequeño mostró una clara inclinación hacia la lectura, la observación de la naturaleza y la experimentación. Se divertía creando molinillos, máquinas, relojes y otros ingeniosísimos juguetes que causaban gran admiración. En el colegio, no tardó en situarse en el primer puesto de su clase. Comenzó sus estudios universitarios en la convulsa Inglaterra de 1661. En aquél tiempo los estudiantes pobres en Cambridge se ganaban su sustento como criados de los más adinerados. Durante estos años forjó su carácter serio y severo, pero a la vez profundamente contrario a la tiranía y a la opresión. Con sólo 21 años, y bajo la tutela del profesor Barrow, se dedicó intensamente a elaborar sus teorías sobre Física y Matemáticas, que florecerían años más tarde. Su capacidad de concentración era asombrosa. No sólo estaba dotado de un enorme intelecto, sino que era capaz de focalizarlo completamente en la resolución de los más variados problemas científicos de su tiempo. Era capaz de trabajar hasta 19 horas seguidas. Antes de cumplir 25 ya había descubierto la gravitación universal, el cálculo infinitesimal y la composición espectral de la luz blanca. Lo verdaderamente increíble es que todo esto es sólo una pequeña parte de la producción científica de Newton. En 1693 su perro *Diamond* provocó un incendio accidental en su casa, durante el cual se quemaron la mayor parte de sus apuntes y manuscritos (sin duda una de las mayores pérdidas de la historia), lo cual sumió a Newton en una profunda depresión.

Respecto al origen de la Ley de la Gravedad, la famosa anécdota de la manzana es probablemente espuria, pero supone una acertada metáfora que revela la esencia del descubrimiento de Newton: la fuerza que hace caer una manzana del árbol es la misma que mantiene a los planetas y satélites en sus órbitas. 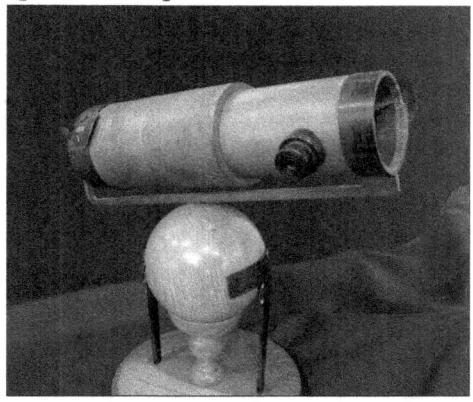 Esta "universalidad", que se ha demostrado repetidamente, convierte a la gravedad en una fuerza elemental de la naturaleza que sólo depende de la masa de los cuerpos implicados y la distancia que los separa. De esta forma es posible "matematizar" el movimiento de los cuerpos y deducir a partir de este movimiento sus propiedades físicas básicas. La Ley de la Gravitación Universal reza así:

> *"Dos cuerpos cualesquiera en el Universo se atraen recíprocamente con una fuerza directamente proporcional al producto de sus masas e inversamente proporcional al cuadrado de la distancia que separa sus centros de gravedad".*

A los 26 años fue nombrado Catedrático Lucasiano de Matemáticas del Colegio Trinitario de Londres (el mismo puesto que posteriormente ostentaría Stephen Hawking), uno de los más altos cargos alcanzables por un científico. Cuatro años después era elegido miembro de la Royal Society. En efecto, la capacidad intelectual de Newton era legendaria. En cierta ocasión le plantearon el llamado "problema de Pappo", un enigma geométrico que los grandes sabios de la antigüedad habían desechado por imposible. Lo resolvió en unos segundos. Más tarde le retaron a resolver otro problema presuntamente insoluble: la trayectoria que describe la Luna alrededor del Sol. Armándose de papel y lápiz, dijo: "Voy a tardar cinco horas". Acabado ese tiempo no sólo había resuelto el problema, sino que había descubierto la fórmula general, elegante y sencilla, que describe ese tipo de curvas. Pero la anécdota más famosa se refiere a cuando resolvió en una noche los dos intrincados problemas que, a manera de concurso, había planteado Bernoulli a los matemáticos de la Royal Society, y en los que habían volcado infructuosamente sus fuerzas científicos de la talla de Hooke, Leibnitz o Huygens. Cuando presentaron a Bernoulli, anónimamente, las soluciones aportadas por Newton, exclamó: "¡Es de Newton!". "¿Cómo lo sabe?", le preguntaron. "Porque reconozco al león por sus garras (*ex ungue leonis*)".

En 1687 se publicó la obra cumbre de Newton, *Philosophiae Naturalis Principia Mathematica*. Alentado por su gran amigo Halley (que acabó pagando también la primera impresión), concluyó el manuscrito en tan sólo 18 meses durante los cuales apenas dormía y comía lo imprescindible, sumiéndose en un estado de concentración absoluta. Hoy en día muchos consideran a los Principia la obra científica más importante de toda la historia. Escrito en riguroso latín, se exponen en este tratado una serie sistemática y rigurosa de *Definiciones*, *Proposiciones*, *Problemas* y *Teoremas* que dan cuenta de los principales asuntos matemáticos, físicos y astronómicos de la época. Los *Principia* son, probablemente, una de las obras más citadas y menos leídas. El lenguaje utilizado es puramente matemático (en concreto, geométrico). Hay que tener en cuenta que Newton podría haber escrito un libro todavía mucho más complejo, recurriendo para las descripciones matemáticas al cálculo diferencial que él mismo había inventado. Posiblemente intuyó que, en ese caso, sólo él podría comprender su contenido, y decidió "bajar el listón" en aras de la mejor difusión de sus descubrimientos.

Los *Principia* vieron un total de tres ediciones, en las que Newton fue añadiendo y corrigiendo diferentes asuntos. Se tradujeron al inglés en 1729 y al francés 27 años mas tarde. En castellano, la versión íntegra no apareció hasta... ¡1982! Es una obra ambiciosa y compleja, pero en absoluto es ilegible. En realidad, cualquiera que la haya hojeado se dará cuenta de que las matemáticas que contiene son bastante sencillas, a nivel de bachiller (sumas, productos y potencias). Cualquiera, armado de papel, lápiz y mucha paciencia, puede aceptar el reto de seguir los sutiles y elegantes razonamientos de Newton (eso sí, probablemente a la velocidad de una página por día).

Intentar si quiera esbozar el contenido de los tres libros de los Principia es una tarea inabarcable. Newton comienza enunciando sus famosos Axiomas o Leyes del movimiento:

> "*Corpus omne perseveratur in stato suo quiescendi vel movendi uniformiter in directum, nisi quatenus a viribus impressis cogitur statum illum mutare*" [Todo cuerpo persevera en su estado de reposo o movimiento uniforme y rectilíneo a no ser en tanto que sea obligado por fuerzas impresas a cambiar su estado].

> "*Mutationem motus proportionalem esse vi motrici impresse, et fieri secundum lineam rectam qua vis illa imprimitur*" [El cambio de movimiento es proporcional a la fuerza motriz impresa y ocurre según la línea recta a lo largo de la cual aquella fuerza se imprime].

> "*Actioni contrariam semper et aqualem esse reactionem: sive corporum duorum actiones in se mutuo semper esse aquales et in partes contrarias dirigi*"

[Con toda acción ocurre siempre una reacción igual y contraria: O sea, las acciones mutuas de dos cuerpos siempre son iguales y dirigidas en direcciones opuestas].

Sobre esta base el autor desarrolla todo un compendio de Mecánica, Cinemática y Dinámica, en el cual deduce las leyes empíricas de Kepler, desarrollando la fórmula para calcular la masa de los planetas y satélites. A continuación expone la *Teoría de las Perturbaciones*, para dar cuenta de las irregularidades observadas en el movimiento de los astros del Sistema Solar. Explicó igualmente la naturaleza de la forma esférica y achatada de los planetas, la relación entre la masa de estos cuerpos y su periodo de rotación, la variación del peso con la latitud, la naturaleza de la precesión de los equinoccios, las órbitas de los cometas, etc. Newton siempre reconoció el papel de sus predecesores en sus campos de investigación. Como él decía, "si he logrado ver más lejos, ha sido porque he subido a hombros de gigantes" (en referencia a Galileo y Kepler). El segundo libro está dedicado al movimiento de los cuerpos en medios que presentan resistencia y a la Hidrostática. El tercero y último, llamado *El Sistema del Mundo*, es probablemente el más ameno y sencillo de leer. En él se exponen las llamadas Reglas para filosofar, que siguen siendo plenamente vigentes hoy en día:

Regla primera: no deben admitirse más causas de las cosas naturales que aquellas que sean verdaderas y suficientes para explicar el fenómeno.

Regla segunda: por ello, en tanto sea posible, hay que asignar las mismas causas a los efectos naturales del mismo género.

Regla tercera: han de considerarse cualidades de todos los cuerpos aquellas que no puedan aumentar ni disminuir y que afectan a todos los cuerpos sobre los que es posible hacer experimentos.

Regla cuarta: las proposiciones obtenidas por inducción a partir de los fenómenos, pese a las hipótesis contrarias, han de ser tenidas, en filosofía experimental, por verdaderas exacta o muy aproximadamente, hasta que aparezcan otros fenómenos que las hagan o más exactas, o expuestas a excepciones.

Newton fue, en efecto, un defensor acérrimo de la experimentación como método de investigación científica. En esto se oponía a la visión clásica de la filosofía natural, que "desconfiaba" de la información procedente del mundo natural y se basaba exclusivamente en el razonamiento. Son famosos sus experimentos sobre la descomposición de la luz. No dudaba incluso en deformar su propio globo ocular con punzones a fin de experimentar los efectos de la difracción de la luz. Sus resultados en este campo se publicaron en el libro *Óptica, o tratado sobre las reflexiones, refracciones, inflexiones y colores de la luz* (1704), donde expone su teoría corpuscular de la luz (en contraposición a la teoría ondulatoria defendida por Hooke). Otras importantes obras newtonianas, esta vez en el ámbito de

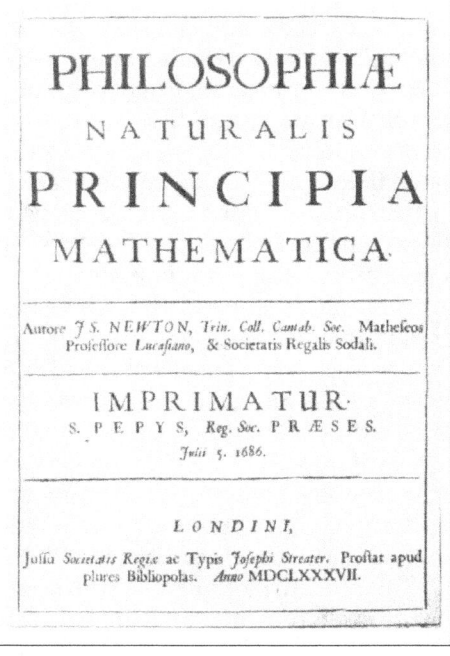

las matemáticas, son *Aritmética universal* (1707) y *Análisis de cantidades mediante series, fluxiones y diferencias, con una enumeración de las líneas de tercer orden* (1711), que contienen algunos de los artículos publicados por Newton en las *Philosophical*

Transactions, la revista científica más antigua del mundo (que se sigue publicando en la actualidad).

Newton era un científico genial, pero desde luego no era perfecto. Al parecer manipuló deliberadamente un coeficiente de corrección de forma que su teoría de la gravedad quedara más "redonda". Por otra parte, era absolutamente insensible a la música o a otras manifestaciones artísticas. Le aburrían soberanamente los conciertos que por aquella época ofrecía Haendel. Consideraba a cualquier tipo de distracción como una pérdida de tiempo y huía de todo entretenimiento que le alejara de su actividad principal –la filosofía natural. Asimismo, sorprenderá saber que, en realidad, la ciencia (tal y como la entendemos hoy) no era el objetivo principal de Newton. Se ha calculado que toda la ingente producción de Newton sobre Física y Matemáticas sólo supone una tercera parte de su obra total. En efecto, la mayor parte de los esfuerzos del Sir Isaac se volcaron en temas filosóficos y teológicos, cuando no abiertamente esotéricos. Por aquél entonces, la Teología era considerada como la más elevada de las ciencias, y, como tal, inevitable en toda formación académica rigurosa. Newton fue un hombre de su tiempo, y como tal un creyente fervoroso, puritano y arriano (una ideología embarazosa para un miembro del *Trinity College*, pero que le salvó de ser ordenado). Newton estaba profundamente convencido de que la investigación sobre la naturaleza sólo podría conducir a revelar algunas de las facetas de la suprema y absoluta Verdad contenida en las Sagradas Escrituras, y a su estudio consagró todo su intelecto, sobre todo durante la segunda parte de su vida. Intentó compatibilizar la cronología histórica con la expuesta en la Biblia, e hizo complejísimos estudios numerológicos de algunos capítulos del Antiguo Testamento. Se cree además que formaba parte de ocultas sociedades herméticas dedicadas a la alquimia y a la teosofía. En su favor hay que decir que, en cuanto a la Química, prácticamente todo lo que se hizo antes de Lavoissier fueron palos de ciego. La búsqueda de la piedra filosofal o la transmutación de los elementos eran líneas de investigación serias en las academias científicas de principios del XVIII. Sobre este aspecto de la vida de Newton se sabe muy poco (y se ha investigado menos aún). De esta época proceden sus obras *La cronología de los reinos antiguos*

(1728) u *Observaciones sobre las profecías de Daniel y el Apocalipsis de San Juan* (1733). Se conservan multitud de manuscritos llenos de simbología alquímica y esotérica, algunos de ellos completamente incomprensibles. EL CSIC tradujo al castellano hace unos años uno de estos curiosos libros, *El templo de Salomón*, en el que Newton hace un pormenorizado análisis matemático de las proporciones de este edificio religioso descrito en la Biblia.

Si lo que conocemos de la obra de Newton es tan sólo una pequeña parte de lo que hizo, y a la vez esto es sólo una fracción de lo que pudo hacer (de no haberse enfrascado tantos años en estudios extravagantes e infructuosos), ¿hasta qué limites hubiera llegado la Ciencia de Newton sin estos avatares?¡Algunos ejercicios de historia-ficción dan verdadero vértigo!

Después de publicar sus principales trabajos científicos, la vida de Newton transcurrió con relativa comodidad hasta su muerte. Fue uno de los pocos genios reconocidos como tal en vida. En 1704 fue elegido presidente de la Royal Society (y reelegido año tras año hasta su muerte) y en 1705 nombrado Caballero (*Sir*), siendo el primer científico en la historia en ostentar tan alta distinción. La Reina Ana, en reconocimiento a su labor, le dejó escoger el cargo público que quisiera. Sorprendentemente, eligió encargarse de la Casa de la Moneda, donde, por cierto, ejerció una excelente labor, llevando a cabo la reforma del sistema monetario británico que sigue vigente hoy en día. No le tembló el pulso al llevar a varios falsificadores de moneda a la horca. También fue elegido para representar a la Universidad de Cambridge en el parlamento inglés. Como político pasó bastante desapercibido. Se dice que en toda su carrera de diputado sólo pidió la palabra una vez, y fue para decir: "Por favor, cierren esa ventana".

Newton falleció el 20 de marzo de 1727 y fue enterrado en la Abadía de Westminster, donde descansan las más ilustres personalidades de la historia de Inglaterra. Con él desapareció el último gran protagonista de la "Revolución Científica" de la Era Moderna y sin duda una de las mentes más brillantes de la historia, con el que todos los astrónomos estamos en deuda. El pensamiento de Newton queda perfectamente reflejado en esta famosa cita:

"No sé cómo puedo ser visto por el mundo, pero en mi opinión, me he comportado como un niño que juega al borde del mar, y que se divierte buscando de vez en cuando una piedra más pulida y una concha más bonita de lo normal, mientras que el gran océano de la verdad se exponía ante mí completamente desconocido".

8. ¿CÓMO SE UTILIZA UN TELESCOPIO ASTRONÓMICO?

Muchos principiantes se acercan a las agrupaciones de aficionados con su flamante telescopio recién comprado preguntando cómo se utiliza este maravilloso invento. Los folletos que suelen acompañarlos, que evidentemente no equivalen a un manual de Astronomía, suelen limitarse a dar algunas instrucciones básicas de manejo, mencionar ciertas precauciones y enumerar una lista de objetos interesantes potencialmente observables con el instrumento. Por otra parte, las explicaciones que se suelen ofrecer se limitan a mostrar cómo se estaciona correctamente el telescopio, cómo enfocar y cómo encontrar rápidamente algunos cuerpos notables, principalmente la Luna, los planetas y las nebulosas más brillantes. Pero es de sospechar que eso no es exactamente lo que el interesado desea saber. Imagino que, fascinado por las imágenes y descripciones de los libros y documentales, y habiendo encontrado las coordenadas de estos astros, se pregunta cómo manejar el telescopio para que apunte exactamente a esa región del cielo. El método más sencillo –el más eficiente, rápido, y el que se usa más a menudo- consiste en localizar *de visu* una estrella cercana al astro objetivo y centrarla en el campo visual del telescopio. A partir de ahí, bien "tanteando", bien con un rápido cálculo mental, no deberíamos tardar demasiado en visualizar el objeto deseado. No obstante, este sistema parte del supuesto de que contamos con un conocimiento aceptable del cielo a simple vista -lo cual, como sabemos, no se consigue sino tras algunos meses o años de práctica- o bien que disponemos de cartas celestes y sabemos ubicar en ellas este astro a partir de sus coordenadas. Además, el método se vuelve bastante ineficaz cuando lo que se busca es una débil estrellita inmersa en un denso campo estelar cuya imagen, además, probablemente esté invertida y/o reflejada con respecto a lo que nos muestran los atlas, en función del sistema óptico utilizado.

En realidad, actualmente las monturas computerizadas *goto* permiten localizar de inmediato cualquier posición celeste con un par de pulsaciones. No obstante, salvo en sistemas fijos, en cada nueva ubicación habremos de calibrar el estacionamiento del telescopio a partir de la posición de varias estrellas que deberemos reconocer en el cielo, con lo cual nadie se libra de tener si quiera un conocimiento rudimentario del firmamento nocturno. Además, las monturas electrónicas, si bien se están popularizando rápidamente, no son ni mucho menos un sistema generalizado, es especial en los telescopios que adquieren las personas que desean iniciarse en este mundo.

Además, pueden imaginarse algunas situaciones en las que el "truco" descrito no sería de gran ayuda. Supongamos que vamos al campo con nuestro equipo portátil y las coordenadas de un cometa que acaba de estallar. Con las prisas, hemos olvidado las cartas celestes y el ordenador en casa, y nuestra anotación "a.r. 16º 29,1', dec. −20º 32,6'" no nos dice gran cosa, por lo menos no con la precisión suficiente. En otra situación, imaginemos que visitamos a nuestros colegas chilenos para disfrutar de su excepcional cielo. En el hemisferio sur, con un firmamento completamente extraño y sin un asterismo que nos indique claramente la posición del polo, probablemente ni si quiera seríamos capaces de estacionar nuestros instrumentos. Más aún, ¿qué hacer para encontrar un determinado objeto de día? Como todos sabemos, los astros más brillantes son perfectamente observables durante el periodo diurno a través de un telescopio y, en el caso de los planetas (hasta Saturno), incluso a simple vista. Por ejemplo, el 21 de octubre de 2009, poco antes de las cinco de la tarde, la Luna pasó por delante de Antares. ¿Cómo localizar esta estrella para registrar este fenómeno sin absolutamente ninguna referencia visual en el cielo? La pregunta que, en definitiva, se plantea, es: ¿sabemos realmente utilizar un telescopio, esto es, localizar un astro simplemente a partir de sus coordenadas?

Para tratar el tema será necesaria una breve digresión sobre los sistemas de coordinadas celestes. Los astros están a distancias tan descomunales que, vistos desde la Tierra, parecen estar todos en el mismo plano. De hecho, las constelaciones son figuras planas aparentes formadas por la observación, desde nuestra perspectiva particular, de estrellas que en realidad no tienen (generalmente) ninguna vinculación física entre sí. Por ello también decimos, por ejemplo, que Saturno está en Leo, como si estuviera pasando entre sus estrellas, cuando sabemos en realidad que el planeta está mucho más cerca. Este "plano" aparente, contemplado desde nuestra posición, adquiere el aspecto de la superficie interna de una esfera que envuelve a la Tierra y en la que estuvieran engastadas todas las estrellas, razón por la cual se denomina *bóveda celeste*.

Como en toda superficie bidimensional, cualquiera de sus puntos se puede localizar inequívocamente mediante un par de valores o coordenadas que dan cuenta de la distancia de ese punto a ciertas referencias "fijas" más o menos reconocibles por todo el mundo. Evidentemente, estas distancias se darán siempre en valores angulares, ya que no podemos colocar una regla en el cielo para medirlo. En el caso más sencillo podemos referir el ángulo que separa a un astro del suelo (del *horizonte*). Esta coordenada se llama *altura*: la altura de la Luna cuando sale o se pone es de 0° y la del punto más alto del cielo, justo sobre nuestra cabeza –el *cenit*- es de 90°. Hace falta otra coordenada "en horizontal" para poder ubicar con precisión cualquier punto del firmamento, ésta es el *acimut* y su referencia el punto cardinal S. Más rigurosamente, el acimut es la distancia angular de un astro a la línea imaginaria que, pasando por el cenit, atraviesa todo el cielo de N a S, denominada *meridiano local*. Así, cualquier estrella que esté sobre el punto cardinal W tiene un acimut de 90°, sobre el N, 180°, etc. Este *sistema de coordenadas*, llamado *altacimutal*, a pesar de ser el más intuitivo, presenta dos inconvenientes: en primer lugar, sus referencias no son en absoluto "fijas", en concreto cada observador tiene su horizonte particular y por lo tanto la altura de los astros depende de nuestra ubicación geográfica (por ejemplo, cuando aquí el Sol está ya alto, en América apenas acaba de amanecer). En segundo lugar, los astros además no permanecen quietos con respecto a estas referencias: tras salir por el E, van ganando altura y perdiendo acimut a medida que avanza la noche. Por ello, si queremos comunicar a otro astrónomo las posición de una estrella, decir que está, por ejemplo, a 20º de altura y 70º de acimut no sirve de nada a no ser que especifiquemos, además, desde dónde la estamos observando y qué hora es.

Estos problemas se solventarían si dispusiéramos no de referencias locales, sino de elementos *fijos* en la bóveda celeste que se movieran con ella. Tales elementos existen, aunque desgraciadamente no están "dibujados" en el cielo, de forma que su posición no es inmediatamente evidente. Un sistema que usa este tipo de referencias es el de *coordenadas ecuatoriales absolutas,* muy fácil de entender ya que consiste en una suerte de translación del sistema de coordenadas geográficas que usamos en la Tierra. En efecto, decir que Madrid está a 40,4º de latitud N y 3,7º de longitud W significa que está a 40,4º al N del Ecuador y a 3,7º al W del Meridiano de Greenwich. Los equivalentes de estas dos líneas en el firmamento serían, respectivamente, el *ecuador celeste* y el *meridiano o* (no confundir con el meridiano local). El ecuador atraviesa numerosas constelaciones conocidas, como el Águila, La Virgen u Ofiuco, y coincide aproximadamente con el famoso cinturón de Orión. Por su parte, el meridiano o viene indicado más o menos por el borde izquierdo del cuadrado de Pegaso. Si, en nuestro planeta, ecuador y meridiano se cruzan en un determinado punto del golfo de Guinea (compruébelo en un atlas); en el cielo estas líneas lo hacen en la constelación de los Peces, cerca de la estrella 21 Psc, en un punto llamado *equinoccio vernal,* que representa el origen de coordenadas de este sistema. Los equivalentes celestes de longitud y latitud[1] se denominan, respectivamente, *ascensión recta*[2] (α) y *declinación* (δ), y sirven para localizar de forma definitiva cualquier punto del cielo independientemente de las circunstancias

---

[1] Existen también una *longitud* y *latitud* celestes, pero corresponden al *sistema de coordenadas eclípticas* (que tienen como referencia la *eclíptica* y no el ecuador). Supongo que ya es tarde para proponer renombrar estos términos de forma más coherente.

[2] La ascensión recta no se suele referir en grados, sino en horas (1 h = 15º), y toma valores positivos hacia el E.

locales del observador. Por ejemplo, las coordenadas de Sirio son: α: 6 h 45 min, δ: $-16°$ 43'; pues tales son las distancias angulares que separan a esa estrella del meridiano 0 y del ecuador, respectivamente, y con sólo esos dos valores cualquiera, en cualquier momento, debería poder localizarla en el cielo. Veamos cómo.

Como todos hemos observado, los astros salen a una determinada hora, llegan a su máxima altura sobre el horizonte S (momento llamado *culminación*) y finalmente se ocultan. La culminación, por tanto, acontece cuando el astro atraviesa el meridiano local, y sería muy útil saber a qué hora exactamente sucede este fenómeno o, lo que es equivalente, cuánto tiempo falta para ello o hace cuánto que ocurrió. Con esta información, sabiendo que las estrellas se mueven 15° cada hora, podemos calcular fácilmente qué separación angular hay a cada momento entre el astro en cuestión y el meridiano local. Este ángulo se conoce precisamente como *ángulo horario*[1] (H). Si una estrella, a las 23:45 de la noche, tiene un H = 0 h, significa que justo en ese momento está atravesando el meridiano local, es decir, está exactamente sobre el punto cardinal S. Si su ángulo horario es de 2 h, sabemos que a esa hora está a 30° al E del meridiano local, es decir, le quedan dos horas para culminar.

Lógicamente, en algún momento del día, el meridiano 0 (que se mueve con las estrellas) coincidirá con el meridiano local (que es fijo para cada observador). En ese instante, por lo tanto, el equinoccio vernal está culminando, y minutos después se hallará ya en el hemisferio occidental del cielo hasta ponerse, como una estrella más. Se puede hablar, por tanto, del *ángulo horario del equinoccio vernal*, y este ángulo se denomina *hora sidérea* (θ), que varía también entre 0 y 24 h. Lamentablemente, la esfera celeste no tarda 24 h en dar una vuelta completa, sino un poco menos (23 h 56 min 4 s), por lo que una hora de tiempo sidéreo no equivale exactamente a una hora de tiempo civil. Dicho de otro modo, el equinoccio no culmina siempre a la misma hora, sino que se va adelantando casi 4 min cada día. Por esta razón los anuarios astronómicos suelen ofrecer tablas con la *hora sidérea en Greenwich* (θ_0), es decir, el

---

[1] No confundir ángulo horario con acimut. El primero se mide sobre el horizonte y el segundo sobre el ecuador celeste.

ángulo horario del equinoccio vernal medido a las 0:00 h TU desde el meridiano de Greenwich. Alternativamente, se puede calcular mediante la fórmula:

$$\theta_0 = 0{,}000025862 \cdot T^2 + 2400{,}051336 \cdot T + 6{,}697374558$$

donde T es el número de siglos (julianos) transcurridos a medianoche de Greenwich desde el mediodía medio en Greenwich de 31 de diciembre de 1899. Siendo JD el día juliano del instante requerido,

$$T = (JD - 2451545) / 36525$$

A su vez, el JD correspondiente a cada fecha se puede encontrar en los almanaques astronómicos[1]. A continuación calculamos la hora sidérea correspondiente a la hora civil local (t) que nos interesa:

$$\theta_t = \theta_0 + t \cdot 1{,}00273790935$$

Esta expresión, como vemos, compensa la pequeña diferencia existente entre las "horas sidéreas" y las "horas civiles". Finalmente, corregimos el valor obtenido en función de la longitud del lugar de observación (λ) para obtener la hora sidérea local:

$$\theta_L = \theta_t + (\lambda / 15)$$

Recapitulando, tenemos que:

- α es la distancia angular entre el astro y el meridiano 0.

- H es la distancia angular entre el astro y el meridiano local.

---

[1] Un algoritmo para el cálculo de JD en Excel es:

JD=(si(m>2;truncar(365,25*(a+4716))+truncar(30,6001*(m+1))+d+(2-truncar(a/100)+truncar((truncar(a/100)/4)))-1524,5;truncar(365,25*(a-1+4716))+truncar(30,6001*(m+13))+d+(2-truncar(a/100)+truncar((truncar(a/100)/4)))-1524,5))+ ((h+min/60+s/3600)/24);
donde: s = segundos; min = minutos; h = horas; d = día; m = mes; a = año.

- **θ** es la distancia angular entre el meridiano 0 y el meridiano local.

De esto se deduce que

$$H = \theta - \alpha$$

expresión conocida como *ecuación fundamental de la Astronomía de posición*, que nos da la clave para localizar un astro a partir de sus coordenadas ecuatoriales. Para saber cómo, recordemos brevemente la estructura de una montura ecuatorial: estas monturas constan de dos ejes perpendiculares (de ascensión recta y de declinación) alrededor de los cuales el tubo óptico puede girar más o menos libremente. Cuando "estacionamos" una montura, lo que hacemos realmente es disponer estos ejes paralelos, respectivamente, al eje de la Tierra y al ecuador. En esa posición, al accionar el movimiento en ascensión recta el campo visual se desplazará paralelamente al ecuador celeste, siguiendo precisamente el movimiento aparente de los astros, por lo que, una vez alcanzada la declinación deseada, éste será el único mando que habrá que accionar para "seguir" el astro objetivo.

Los ejes están dotados además de sendos círculos de posición graduados (entre 0 h y 24 h el de ascensión recta y entre −90° y 90° el de declinación) que nos informan del ángulo que forma en ese momento el tubo con el meridiano local y el ecuador, respectivamente. Así, si movemos el tubo de forma que el indicador de ascensión recta marque "0 h", el telescopio quedará directamente apuntando al meridiano local. En esa posición podemos ajustar la declinación al valor deseado (ya que no depende de ningún otro factor) y calcular qué ángulo al E o al W del meridiano local hay que aplicar para apuntar a la posición deseada, ángulo que, como hemos visto, dependerá de su ascensión recta y de la hora sidérea local.

Con un ejemplo lo veremos más fácilmente: volvamos al caso mencionado anteriormente e intentemos orientar nuestro telescopio para observar Antares el día 21 de octubre de 2009 a las 14:51 h

TU desde Madrid. En cualquier atlas podemos encontrar que las coordenadas ecuatoriales de esta estrella son:

α: 16 h 29,5 min = 16,4917 h

δ: -26° 23'

Una vez estacionado el telescopio (con la ayuda de una brújula), colocamos el tubo de forma que los círculos graduados marquen α = δ = 0. El telescopio quedará apuntando a la intersección entre el ecuador celeste y el meridiano local[1]. Ahora podemos mover el eje de declinación hasta la posición deseada (-26° 23'). Nos queda simplemente mover el otro eje un cierto ángulo H. Como vimos antes, $H = \theta - \alpha$, y en este caso $H = \theta - 16$ h 29,5 min, con lo que el problema se reduce a calcular la hora sidérea local correspondiente a ese momento. Con las tablas de los anuarios, o bien mediante las fórmulas indicadas anteriormente, se obtiene la hora sidérea local:

- t = 14:51 h TU = 14,85 h

- **JD** del día 21 de octubre del 2009 (a la hora t) = 2455126,11875

- **T** = 0,098045687885008

- θ_0 = 242,012059004062 h. Como es un valor superior a 24 h, se sustrae de él 24 h tantas veces como sea necesario hasta dar con un valor dentro del rango 0 – 24. En este caso, $\theta_0 = \theta_0 - (10 \cdot 24) = 2,012059004$ h

- θ_t = 16,90271696 h

- $\theta_L = \theta_t + (-3,7 / 15) = 16,656050293$ h

---

[1] Punto llamado *medio cielo*.

- $\mathbf{H} = \boldsymbol{\theta}_L - \boldsymbol{\alpha} = 0{,}16435\,\text{h}$

Por lo tanto, este es el valor que hay que desviar (en este caso al E) el eje de ascensión recta para dar con la estrella. Un valor tan bajo significa que Antares está casi culminando en ese momento desde la capital española, como podemos comprobar fácilmente con cualquier aplicación informática.

9. Astronomía en la Biblia

Desde el punto de vista histórico, la Biblia rebasa con mucho la trascendencia que pueda llegar a alcanzar cualquier creación religiosa o literaria, de forma que hoy es reconocida como uno de los pilares culturales de la civilización occidental. Es el libro más publicado, difundido y leído de la historia[1], considerado como obra sagrada y directamente revelada por Dios por millones de personas, fuente de inspiración ética para muchos, y sin duda un valiosísimo compendio de mitología y tradición con la que interpretar la realidad actual. En efecto, la influencia que ha tenido a nivel filosófico, configurando el pensamiento y las costumbres imperantes en una buena parte del mundo, es innegable, así como su contribución al propio éxito del cristianismo, la principal religión del planeta. Esta relevancia no es una simple reminiscencia de tiempos pretéritos, sino que permea por la sociedad contemporánea en ámbitos tan dispares como la educación o el derecho -buena parte de nuestros códigos legislativos reflejan abiertamente los preceptos morales bíblicos-. No olvidemos tampoco la importancia de las traducciones de este texto a las lenguas modernas, que ha permitido el asentamiento gramatical de idiomas como el alemán o el inglés.

Como libro sagrado para judíos y cristianos, ha existido una tendencia generalizada a interpretar este texto como expresión de la Verdad única y divina no sólo en cuestiones religiosas, sino tam-

---

[1] ¿Adivinan cuál es el segundo? Se trata del *Libro Rojo* de Mao Tse Tung, del que se imprimieron más de 900 millones de copias.

bién a la hora de acercarse a cualquier otro aspecto de la realidad, invadiendo así, entre otros, el campo desde hace varios siglos reservado a las Ciencias Naturales. Incluso grandes científicos, como Isaac Newton, estaban convencidos de que en la Biblia se contienen, convenientemente "cifrados", no solo la historia de toda la humanidad, sino los propios pensamientos de Dios, es decir, todo lo cognoscible y aún lo que rebasa nuestro intelecto, y de lo cual sólo podemos atisbar algunas "sombras" a través de la actividad científica. Todavía en la actualidad, siglos después de la Revolución Científica, subsisten grupúsculos de fundamentalistas que defienden la veracidad literal del relato bíblico, como los creacionistas (no sólo cristianos, también islámicos), que consideran cualquier postura alternativa como una desviación blasfémica. A pesar de ello, existe un consenso entre teólogos eruditos -postura defendida también por muchos científicos- que consideran que extraer teorías científicas de un libro de contenido esencialmente moral es tan absurdo y peligroso como extraer enseñanzas morales de teorías científicas (como hacen, por ejemplo, los darwinistas sociales).

Leyendo la Biblia se percibe además que el propósito original de los autores no es describir los fenómenos naturales, sino construir un relato -real o ficticio- del que extraer conclusiones doctrinales. En realidad, los pasajes que pudieran interferir con nuestra concepción actual del mundo son relativamente escasos y en todo caso secundarios o anecdóticos con respecto a este argumento principal. Sin embargo, mucho se ha escrito sobre el contenido científico de algunos libros de la Biblia, en particular sobre episodios que, *interpretados adecuadamente*, demuestran que los pueblos primitivos donde vieron la luz estos textos tenían conocimientos avanzadísimos revelados sin duda por entidades sobrenaturales. Mención aparte merecen los numerólogos y cabalistas, que se dedican a reelaborar de forma, digamos, *creativa*, el contenido de las escrituras para desencriptar enigmas de gran importancia para la humanidad. Es curioso como estas interpretaciones resultan exitosas siempre "a toro pasado", es decir, cuando los grandes misterios desvelados o las trascendentales encrucijadas históricas que contienen forman parte ya de los libros de texto.

Para nosotros puede resultar interesante, por ejemplo, explorar las referencias astronómicas que contienen los 73 libros que, según la tradición católica, integran la Biblia[1]. Para despecho de los estudiosos bíblicos tradicionales, esto es ahora muy sencillo gracias a las versiones digitales disponibles gratuitamente en Internet, que permiten trazar las concordancias de cualquier término a lo largo de los varios miles de páginas que contiene. Percibiremos así los conocimientos astronómicos que tenían los pueblos antiguos y las múltiples interacciones culturales sostenidas a lo largo de la historia por las distintas civilizaciones surgidas en Asia Menor, así como la decisiva influencia de la tradición bíblica en la evolución histórica de la Astronomía.

La primera cita astronómica la encontramos en el mismísimo comienzo del Génesis:

> "*En el principio crió Dios los cielos y la tierra*" (Gn 1:1)

Es esquema mantenido en todo el texto -común, por otra parte, a casi todas las cosmologías contemporáneas- será la teoría de los "dos mundos", regidos por leyes diferentes y en permanente conflicto. La disyuntiva entre el "plano físico" y el "plano metafísico" es reelaborada y sistematizada en la filosofía académica Platón y Aristóteles y de hecho no desaparecerá hasta la irrupción de la gravitación universal y otras leyes naturales que demuestran la "unidad" del Cosmos, asequible al método científico.

El siguiente elemento que crea Dios es la luz -"*Y dijo Dios: Sea la luz: y fué la luz*" (Gn 1:3)-, aparentemente desligada de los astros, que no aparecerán hasta el cuarto día:

> "*Y dijo Dios: Sean lumbreras en la expansión de los cielos para apartar el día y la noche: y sean por señales, y para las estaciones, y para días y años; Y sean por lumbreras en la expansión de los cielos para*

---

alumbrar sobre la tierra: y fue. E hizo Dios las dos grandes lumbreras; la lumbrera mayor para que señoreare en el día, y la lumbrera menor para que señoreare en la noche[1]: hizo también las estrellas. Y púsolas Dios en la expansión de los cielos, para alumbrar sobre la tierra, Y para señorear en el día y en la noche, y para apartar la luz y las tinieblas: y vió Dios que era bueno. Y fué la tarde y la mañana el día cuarto." (Gn 1:15-19).

Todo lo creado tiene una funcionalidad concreta al servicio del hombre, y en este caso los astros le sirven para iluminar el mundo y para señalar la duración de periodos cíclicos como el día o el año. Esta visión "finalista" del Universo entraría también en crisis con la revolución científica; el telescopio revelaría la existencia de astros "invisibles" hasta entonces cuya presencia en el cielo parecía responder más aun capricho de la naturaleza que a un plan divino. Por otra parte, llama la atención el que no se haga una distinción muy clara entre el Sol, la Luna y las estrellas ("*lumbreras*"), teniendo en cuenta que a la humanidad le costaría milenios asumir el hecho de que las estrellas son Soles (y el Sol, por tanto, es una estrella). Personajes como Giordano Bruno tuvieron ocasión de probar el Fuego Purificador por sostener ideas semejantes antes de tiempo. La distinción entre estas luminarias se explicita por fin en:

> *"Otra es la gloria del sol, y otra la gloria de la luna, y otra la gloria de las estrellas: porque una estrella es diferente de otra en gloria."* (1Cor 15:41)

Finalmente, mucho se ha comentado la manera de computar el relato de la Creación en términos de "días", incuso antes de que aparezcan los astros que permiten que este término tenga sentido. Podría argumentarse que Dios puso a funcionar la maquinaria del Universo de forma que el día adquiriera una duración preconcebi-

---

[1] Al parecer, no se da cuenta de las noches sin Luna. Todavía hoy persiste la creencia, muy generalizada, de que la Luna "sale" todas las noches.

da de 24 horas. No olvidemos, por ejemplo, que el arzobispo irlandés James Ussher fue capaz de calcular en el siglo XVII, a partir de la información recogida en la Biblia, el momento exacto de la Creación ¡incluida la hora! (a las 9 de la tarde del domingo 23 de octubre de 4004 a.C.) Posteriormente, y tratando de casar el Génesis con las cada vez más contundentes evidencias geológicas, se popularizó la idea de que estos días en realidad representaban periodos de tiempo indefinidamente largos, incluso periodos geológicos, con lo que en realidad no había grandes discrepancias entre la Historia Natural y la Sagrada[1]. Sin embargo, los literalistas bíblicos, como la excandidata a vicepresidenta de los Estados Unidos Sarah Palin, siguen sosteniendo que el mundo tiene unos 6000 años, y que por tanto el hombre convivió con los dinosaurios y otras burradas de similar calibre.

El hecho mismo de que el Universo tuviera un origen determinado en el tiempo planteó desde el principio problemas filosóficos importantes, si se acepta Dios como ser eterno. Se dice que en cierta ocasión un discípulo preguntó a San Agustín qué hacía Dios durante el periodo infinito de tiempo que sucedió antes de crear el mundo. Las malas lenguas afirman que en Obispo de Hipona contestó que Dios dedicó ese tiempo a preparar el infierno para los que preguntaran cosas como esa. En realidad lo que respondió es que el tiempo es una entidad consustancial al Cosmos y que, como tal, fue creado a la par que el resto de elementos. Poco podría sospechar este sabio lo cerca que andaban sus ideas de las modernas teorías cosmológicas, que sostienen que el espacio-tiempo se genera efectivamente en el instante del *Big-Bang* y que por tanto carece de sentido preguntarse qué había antes de ese momento (lo que no existe es precisamente ese *antes*). Así, no es de extrañar la afinidad que tradicionalmente ha sentido la Iglesia Católica por la teoría de la *Gran Explosión* (en cuya formulación, por cierto, participó activamente el astrofísico y sacerdote belga Georges Lemaître).

Detengámonos un momento en el concepto bíblico de "cielo". Por lo que se deduce de los muchos pasajes donde aparece este

---

[1] Algo similar se propuso para explicar los cientos de "años" vividos por los patriarcas bíblicos, incompatibles con lo que sabemos de fisiología humana.

término, se entiende que se trata de una especie de bóveda que cubre la Tierra a una distancia indefinida pero no muy grande, como sugiere el sueño de Jacob:

> "Y soñó, y he aquí una escala que estaba apoyada en tierra, y su cabeza tocaba en el cielo: y he aquí ángeles de Dios que subían y descendían por ella" (Gn 28:12),

o la famosa Torre de Babel:

> "Y dijeron: Vamos, edifiquémonos una ciudad y una torre, cuya cúspide llegue al cielo; y hagámonos un nombre, por si fuéremos esparcidos sobre la faz de toda la tierra" (Gn 11:4).

El cielo estaría sostenido por columnas:

> "Las columnas del cielo tiemblan, Y se espantan de su reprensión." (Job 26:11)

> "La tierra se removió, y tembló; Los fundamentos de los cielos fueron movidos, Y se estremecieron, porque él se airó." (2Sm 22:8)

Ello hace difícil relacionar esta cosmología con la posterior Teoría de las Esferas de Eudoxo y Aristóteles, en la que existen varios "cielos" a modo de esferas perfectas concéntricas entre sí y con otra esfera primera, la Tierra. A pesar de esto, se usa con frecuencia la expresión "cielos de los cielos", que podría sugerir una cierta multiplicidad y jerarquía de cielos (o puede que sea un simple recurso poético como "Cantar de los Cantares"):

> "Empero ¿es verdad que Dios haya de morar sobre la tierra? He aquí que los cielos, los cielos de los cielos, no te pueden contener: ¿cuánto menos esta casa que yo he edificado?" (1Re 8:27)

> *"Mas ¿quién será tan poderoso que le edifique casa? Los cielos y los cielos de los cielos no le pueden comprender; ¿quién pues soy yo, que le edifique casa, sino para quemar perfumes delante de él?"* (2Cr 2:6)

> *"Tú, oh Jehová, eres solo; tú hiciste los cielos, y los cielos de los cielos, y toda su milicia, la tierra y todo lo que está en ella, los mares y todo lo que hay en ellos; y tú vivificas todas estas cosas, y los ejércitos de los cielos te adoran."* (Neh 9:6)

Esta interpretación cobra sentido al recordar que el infierno suele referirse como un mundo subterráneo, es decir, en una *esfera inferior* a la propia Tierra. Más extraña resulta aún la alusión, en el Cántico de Débora, al movimiento de las estrellas en órbitas:

> *"De los cielos pelearon: Las estrellas desde sus órbitas pelearon contra Sísara."* (Jue 5:20)

para cuya interpretación habría que conocer exactamente cómo se ha ido traduciendo el término "órbita" hasta esta versión final. El modelo de las esferas aparece ya más claramente aludido en el Nuevo Testamento:

> *"Conozco á un hombre en Cristo, que hace catorce años (si en el cuerpo, no lo sé; si fuera del cuerpo, no lo sé: Dios lo sabe) fué arrebatado hasta el tercer cielo"* (2Cor 12:2).

Pero lo que más llama la atención es que, en general, se concibe el cielo como un *lugar real*, situado en las alturas y habitado por Dios, los ángeles y las almas de los justos tras su muerte. En esto contrasta con otras concepciones, como la islámica, para la que el cielo es más un "estado" que un "lugar"[1]. Incluso nuestra representación artística tradicional del cielo concibe a sus moradores deambulando entre nubes, estrellas, etc. En su *Astronomía*, Josep Comás Solá relaciona la idea cristiana de "ir al cielo" al fallecer con los relatos mitológicos de los griegos (y más antiguos) en los que los dioses recompensaban a los hombres virtuosos transformándolos en constelaciones, es decir, *llevándolos al cielo* (claro que también era una forma de castigo, verbigracia Orión y su presa el Escorpión, condenados a no cruzarse jamás en el firmamento).

La Biblia no dice nada sobre cómo es la Tierra (forma, dimensiones), limitándose a ofrecer algunas referencias geográficas locales más bien vagas. La idea de una Tierra plana, centrada aproximadamente en el actual Cercano Oriente, parece subyacer en todo el relato, y fue creencia bastante extendida en la antigüedad, a pesar de haber sido tachada de indocta ya desde los tiempos de los griegos. Sin embargo, muchos han querido interpretar el siguiente pasaje como una prueba de que la esfericidad del planeta ya se recoge en las Sagradas Escrituras:

> "*El está asentado sobre el globo de la tierra, cuyos moradores son como langostas: él extiende los cielos como una cortina, tiéndelos como una tienda para morar.*" (Is 40:22)

Isaac Asimov[2] realiza un brillante análisis de este texto en *El Secreto del Universo* (Salvat, 1993). Al parecer, es más ajustada la traducción "circulo" en vez de "globo" (así aparece en la versión *King James*), denotando, por consiguiente, una figura claramente bidimensional. Además, en el libro de los Proverbios leemos:

---

[1] Curiosamente en nuestro idioma la palabra "cielo" denota tanto al "Paraíso" como al objeto de estudio de la Astronomía. Otras lenguas, como el inglés, han conservado términos diferentes para ambos significados (*heaven* y *sky*, respectivamente).

[2] Autor, por cierto, de la muy recomendable *Guía de la Biblia* (2 vols., Plaza & Janés, 2000).

> *"Cuando formaba los cielos, allí estaba yo; Cuando señalaba por compás la sobrefaz del abismo"* (Prov 8:27)

y todo el mundo sabe que el compás se usa para trazar figuras planas.

Volviendo al relato bíblico, encontramos frecuentes alusiones a las estrellas como metáfora de la abundancia y de lo incontable:

> *"Y sacóle* [a Abram] *fuera, y dijo: Mira ahora á los cielos, y cuenta las estrellas, si las puedes contar. Y le dijo: Así será tu simiente"* (Gn 15:5)

> *"Jehová vuestro Dios os ha multiplicado, y he aquí sois hoy vosotros como las estrellas del cielo en multitud."* (Dt 1:10).

De hecho, parece que contar estrellas se antoja más una actividad divina que humana:

> *"El* [Jehová] *cuenta el número de las estrellas; A todas ellas llama por sus nombres."* (Sal 147:4)

Hasta en cuatro ocasiones se mencionan estrellas cayendo del cielo en las profecías sobre el fin del mundo, siendo el caso más famoso el de Ajenjo[1] (artemisia), que protagoniza este dramático pasaje del Apocalipsis de San Juan:

> *"Y el tercer ángel tocó la trompeta, y cayó del cielo una grande estrella, ardiendo como una antorcha, y cayó en la tercera parte de los ríos, y en las fuentes de las aguas. Y el nombre de la estrella se dice Ajenjo. Y la tercera parte de las aguas fué vuelta en ajenjo: y*

---

[1] Imagínense la cara de felicidad con que se quedaron los misteriólogos y conspiranoicos cuando se enteraron de que Ajenjo en ucraniano (en una traducción libérrima) se dice... *Chernobyl.*

*muchos murieron por las aguas, porque fueron
hechas amargas. Y el cuarto ángel tocó la trompeta,
y fué herida la tercera parte del sol, y la tercera parte
de la luna, y la tercera parte de las estrellas; de tal
manera que se oscureció la tercera parte de ellos, y
no alumbraba la tercera parte del día, y lo mismo de
la noche."* (Ap 8:10-12)

Los "oscurecimientos" podrían relacionarse con eclipses parciales, mientras que posiblemente la primera parte del párrafo esté aludiendo a algún otro fenómeno astronómico como cometas o meteoros. En este sentido existen también algunos relatos que recuerdan vagamente al paso de superbólidos, como el famoso "carro de fuego" del Profeta Elías:

*"Y aconteció que, yendo ellos hablando, he aquí,
un carro de fuego con caballos de fuego apartó á los
dos: y Elías subió al cielo en un torbellino."* (2Re
2:11).

Pero detengámonos aquí antes de adentrarnos en la procelosa Astronomía bíblica de autores como Immanuel Velikovsky (1895-1979), según el cual episodios célebres como el Diluvio Universal[1], la destrucción de Sodoma y Gomorra[2] o la apertura milagrosa del Mar Rojo durante el Éxodo no son más que vagos recuerdos mitificados de antiquísimos cataclismos cósmicos acontecidos muy cerca del planeta, como el paso rasante de Venus o un estallido tipo "nova" en lo que hoy es Saturno. Estos disparates fueron metódicamente pulverizados por Carl Sagan en su estupendo libro *El Cerebro de Broca* (Crítica, 1994), a pesar de lo cual aún gozan de cierta popularidad.

---

[1] No es descabellado relacionar este mito, común a muchas culturas, con los deshielos masivos y el consiguiente ascenso del nivel del mar acontecido al finalizar la última glaciación del Cuaternario, hace unos 10.000 años.

[2] Algunos arqueólogos opinan que el capítulo 19 del Génesis, donde se relata este acontecimiento, encaja con la descripción del impacto de un pequeño asteroide.

El brillo de las estrellas es tomado en otras ocasiones como símbolo de sabiduría:

> "*Y los entendidos resplandecerán como el resplandor del firmamento; y los que enseñan á justicia la multitud, como las estrellas á perpetua eternidad.*"
> (Dn 12:3)

No parece discriminarse en ningún momento a los planetas, salvo quizás en una confusa cita, más poética que astronómica:

> "*Fieras ondas de la mar, que espuman sus mismas abominaciones; estrellas erráticas, á las cuales es reservada eternalmente la oscuridad de las tinieblas*"
> (Jds 1:13)

pero sí se mencionan otros astros, en especial en el Libro de Job, uno de los más interesantes desde el punto de vista astronómico:

> "*El que hizo el Arcturo, y el Orión, y las Pléyadas, Y los lugares secretos del mediodía*" (Job 9:9)

> "*¿Podrás tú impedir las delicias de las Pléyades, O desatarás las ligaduras del Orión? ¿Sacarás tú á su tiempo los signos de los cielos, O guiarás el Arcturo con sus hijos? ¿Supiste tú las ordenanzas de los cielos? ¿Dispondrás tú de su potestad en la tierra?*" (Job 38:31-33)

En estos breves fragmentos hallamos por primera y única vez varios términos astronómicos. Los nombres propios citados parecen ser añadidos posteriores, y se mencionan de nuevo en el Libro de Amós:

> "*Miren al que hace el Arcturo y el Orión, y las tinieblas vuelve en mañana, y hace oscurecer el día en noche; el que llama á las aguas de la mar, y las de-*

rrama sobre la haz de la tierra: Jehová es su nombre." (Am 5:8)

Adviértase la referencia astrológica, a pesar de que esta práctica estaba castigada en la cultura judía, así como el propio culto a los astros:

> "*Haste fatigado en la multitud de tus consejos. Parezcan ahora y defiéndante los contempladores de los cielos, los especuladores de las estrellas, los que contaban los meses, para pronosticar lo que vendrá sobre ti.*" (Is 47:13)

> "*Y quitó á los Camoreos, que habían puesto los reyes de Judá para que quemasen perfumes en los altos en las ciudades de Judá, y en los alrededores de Jerusalem; y asimismo á los que quemaban perfumes á Baal, al sol y á la luna, y á los signos, y á todo el ejército del cielo.*" (2Re 23:5)

> "*Y porque alzando tus ojos al cielo, y viendo el sol y la luna y las estrellas, y todo el ejército del cielo, no seas incitado, y te inclines á ellos, y les sirvas; que Jehová tu Dios los ha concedido á todos los pueblos debajo de todos los cielos.*" (Dt 4:19)

Un curioso "asterismo", que probablemente no se corresponde con ninguna constelación, es citado en el Apocalipsis:

> "*Y una grande señal apareció en el cielo: una mujer vestida del sol, y la luna debajo de sus pies, y sobre su cabeza una corona de doce estrellas.*" (Ap 12:1)

De hecho ésta es una de las representaciones de María en la iconografía tradicional. Es curioso cómo los ponentes constitucionales de la fallida Carta Magna europea se cuidaron bien de eliminar cualquier referencia religiosa en este texto, olvidando al parecer la mismísima bandera de la Unión Europea.

En cuanto al Sol, existen numerosas referencias de su utilización para sugerir el contexto temporal del relato, p. ej.:

> *"El sol salía sobre la tierra, cuando Lot llegó á Zoar"* (Gn 19:23)

o bien los puntos cardinales:

> *"Y tornando de Sarid hacia oriente, donde nace el sol al término de Chisiloth-tabor, sale á Dabrath, y sube á Japhia"* (Jos 19:12)

y, por supuesto, en una de las más famosas citas de la biblia:

> *"¿Qué es lo que fué? Lo mismo que será. ¿Qué es lo que ha sido hecho? Lo mismo que se hará: y nada hay nuevo debajo del sol"* (Ecl 1:9)

mientras que la luna aparece principalmente como hito hemerológico en la regulación de los ritos:

> *"Asimismo adorará el pueblo de la tierra delante de Jehová, á la entrada de la puerta, en los sábados y en las nuevas lunas."* (Ez 46:3).

Aquí se ve una posible reminiscencia de un antiguo culto lunar:

> *"Y á José dijo: Bendita de Jehová su tierra, Por los regalos de los cielos, por el rocío, Y por el abismo que abajo yace, Y por los regalados frutos del sol, Y por los regalos de las influencias de las lunas"* (Dt 33:13-14)

Concluiremos con los tres pasajes astronómicos más famosos de la Biblia. El primero, cómo no, es la batalla de Josué, en la que Dios detiene en el cielo al Sol y la Luna para conceder una ventaja estratégica a sus ejércitos:

> "*Entonces Josué habló á Jehová el día que Jehová entregó al Amorrheo delante de los hijos de Israel, y dijo en presencia de los Israelitas: Sol, detente en Gabaón; Y tú, Luna, en el valle de Ajalón. Y el sol se detuvo y la luna se paró, Hasta tanto que la gente se hubo vengado de sus enemigos. ¿No está aquesto escrito en el libro de Jasher? Y el sol se paró en medio del cielo, y no se apresuró á ponerse casi un día entero.*" (Jos 10:12-13).

Un milagro similar se cita en Isaías:

> "*He aquí que yo vuelvo atrás la sombra de los grados, que ha descendido en el reloj de Achâz por el sol, diez grados. Y el sol fué tornado diez grados atrás, por los cuales había ya descendido*" (Is 38:8)

donde además se evidencia el uso de la notación angular creada probablemente por los babilonios. Este pasaje puede considerarse como la fundación del geocentrismo bíblico, a pesar de la sutil interpretación Galileana.

El segundo es el supuesto eclipse solar acontecido durante la muerte de Cristo, y recogido por tres de los evangelistas:

> "*Y desde la hora de sexta fueron tinieblas sobre toda la tierra hasta la hora de nona.*" (Mt 27:45)

> "*Y cuando vino la hora de sexta, fueron hechas tinieblas sobre toda la tierra hasta la hora de nona.*" (Mc 15:33)

> "*Y cuando era como la hora de sexta, fueron hechas tinieblas sobre toda la tierra hasta la hora de nona.*" (Lc 23:44)

Más allá de la imposibilidad física de un eclipse de 3 h de duración, se trataría en cualquier caso de una conjunción "milagrosa" ya que, como se explica en Mt. 26:2, la crucifixión tuvo lugar durante la Pascua judía, esto es, cerca del plenilunio. La Luna llena está en oposición con el Sol y en esta posición es imposible que oculte a la estrella. Por ello se tiende a interpretar este pasaje como una narración alegórica.

Hemos dejado para el final el relato de la "Estrella de Belén". El Evangelio según San Mateo habla de una brillante estrella que guió a los Magos de Oriente hacia este lugar:

> *"Como fué nacido Jesús en Bethlehem de Judea en días del rey Herodes, he aquí unos magos*[1] *vinieron del oriente á Jerusalem, Diciendo: ¿Dónde está el Rey de los Judíos, que ha nacido? porque su estrella hemos visto en el oriente, y venimos á adorarle"* (Mt 2:1-2)

La lista de hechos religiosos con trasfondo astronómico es extensa. Por ejemplo, la "Kaaba", la roca sagrada de los musulmanes, es una enorme tectita. Muchos acontecimientos históricos solían venir precedidos de cometas u otros astros que irrumpían en el firmamento[2]. La descripción que se ofrece en la Biblia de la estrella de Navidad es muy parca, aunque históricamente se han intentado elaborar algunas explicaciones científicas para este fenómeno[3]. Las más célebres proponen desde el cometa Halley hasta una nova,

---

[1] Acerca de los "Tres Reyes Magos": según este evangelio (el único que los menciona en toda la Biblia), en ningún momento se dice que fueran "tres", ni que fueran "reyes", y es muy posible que ni si quiera fueran "magos", sino más bien astrólogos. Estos elementos, junto con sus nombres, razas, etc., son añadidos posteriores de la cultura popular (como el buey y la mula del portal, etc.).

[2] Los nacimientos de Mahoma y de Buda estuvieron anunciados también por nuevas estrellas en el cielo.

[3] Cfr. Mark Kidger: *The Star of Bethlehem - An Astronomer's View*. Princeton, 1999.

pasando por el planeta Venus, una afortunada conjunción entre los planetas más brillantes, o una lluvia de meteoros. Con las modernas aplicaciones informáticas, podemos conocer qué aspecto tenía el cielo en cualquier fecha histórica y desde cualquier zona del mundo, y hoy sabemos que algunos de estos fenómenos fueron efectivamente visibles a finales del siglo I a.C. desde Oriente Medio, coincidiendo con las fechas más probables atribuidas en la actualidad al nacimiento de Cristo, entre los años 7 y 3 a.C. Sin embargo muchas de estas conjeturas adolecen de graves inconsistencias y son rechazadas por los especialistas.

Hay que tener en cuenta que, en cualquier caso, es probable la narración sobre la estrella de Belén, como muchos otros relatos bíblicos, tenga un carácter metafórico y simbólico, y sea incorrecto interpretarlo al pie de la letra como un fenómeno astronómico. En Ciencia, las explicaciones más sencillas suelen ser también las más certeras.

10. ELEMENTOS ORBITALES

Cuando ojeamos un almanaque de efemérides astronómicas podemos toparnos con áridas tablas de números cuya utilidad inmediata no es evidente, pero que pueden llegar a tener gran interés si se poseen unas nociones básicas sobre su significado. En concreto, los datos referidos a los planetas proporcionan teóricamente toda la información necesaria no sólo para poder localizarlos inequívocamente en el cielo, sino también para poder predecir con bastante precisión su brillo, fase, la posición de sus satélites, etc. en cualquier momento del año, con el uso, si acaso, de cálculos relativamente sencillos. Seis de esos datos, los llamados *elementos orbitales*, sirven para definir la órbita de estos cuerpos celestes.

Johannes Kepler descubrió que los planetas orbitan alrededor del Sol en órbitas elípticas. Estudiando los datos recopilados durante varios años por el insigne astrónomo Tycho Brahe sobre la órbita de Marte, encontró que las observaciones no eran consistentes con el hasta entonces indiscutible dogma de trayectorias circulares gobernando el etéreo mundo supralunar. El error acumulado era tan sólo de 8 minutos de arco (la cuarta parte del diámetro aparente de la Luna), y bien podría Kepler haber hecho la "vista gorda" y acomodar los números sobre una reelaborada Astronomía ptolemaica; pero era consciente de la enorme precisión y fiabilidad de las anotaciones de Tycho (a pesar de que aún desconocía el telescopio) y, en un acto de honradez intelectual que le redime de sus anteriores flirteos con la astrología y otras pseudociencias, echó por tierra todos sus prejuicios para edificar desde el principio una nueva Astronomía basada únicamente en la evidencia observacio-

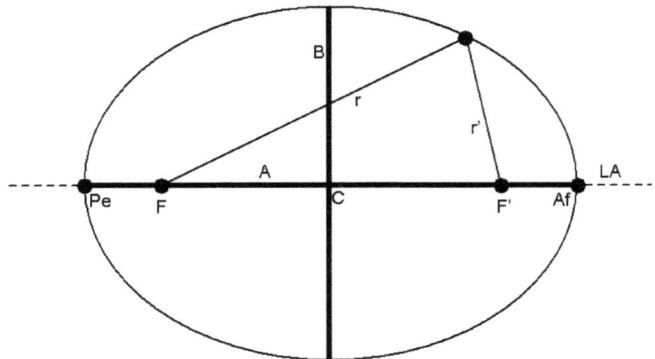

Fig. 1. *Elipse.*

nal (su libro de 1609 se titula precisamente *"Astronomia Nova"*) sobre la que se asienta buena parte de la revolución científica de la Era Moderna. Kepler llegó a definir tres principios que caracterizan el movimiento de los planetas a lo largo de sus órbitas (sus famosas "tres leyes"):

- Las órbitas de los planetas son *elipses,* en uno de cuyos *focos* está el Sol. Esto quiere decir que la distancia del Sol al planeta varía a lo largo del periodo orbital. La Tierra, por ejemplo, a principios de enero está cinco millones de km más cerca del Sol que a principios de julio.
- El *radio-vector* (el segmento que une el centro del planeta con el del Sol) barre áreas iguales en tiempos iguales, es decir, los planetas se mueven tanto más rápido cuanto más cerca pasan del Sol. Así, nuestro planeta se mueve 1 km/s más deprisa al acercarse al Sol, lo que implica que, para el hemisferio boreal, el invierno, que acontece en el periodo de máximo acercamiento a la estrella, dura varios días menos que el verano.
- Los cuadrados de los *períodos* de los planetas (el tiempo que tardan en describir una translación completa) son proporcionales a los cubos de sus *distancias medias* al Sol. En el caso de la Tierra, que dista unos 150 millones de km del Sol (la llamada *unidad Astronómica* o UA), tarda en completar su órbita algo

más de 365 días, pero Mercurio, mucho más cercano al Astro Rey (0,39 UA de media), es más veloz y completa su circuito en tan sólo 88 días. Así, $365^2/1^3 \approx 88^2/0,39^3$.

Para Kepler estas leyes no eran nada más que formulaciones empíricas cuya esencia era aún misteriosa, realmente fue Sir Isaac Newton quien se dio cuenta de que no se trataba de simples relaciones numéricas afortunadas, sino consecuencias particulares de una ley natural mucho más general, fruto de su privilegiado intelecto: la *Ley de la Gravitación Universal*. De esta forma las leyes de Kepler no sólo rigen el movimiento planetario, describen también la trayectoria de las lunas y los cometas, de los satélites artificiales y de las estrellas binarias[1]. ¡Incluso nuestro Sol describe una elipse kepleriana en su periplo alrededor del centro galáctico cada 250 millones de años!

Pero, ¿qué es una elipse? Se trata de una figura geométrica perteneciente a la familia de las curvas cerradas (como la circunferencia) en cuyo interior existen dos puntos llamados *focos* (**F** y **F'**) tales que la suma de las distancias entre ellos y cualquier punto de la elipse es constante (fig. 1). Es decir, las longitudes de los radiovectores (**r** y **r'**) dirigidos a sendos focos desde cualquier punto de la elipse suman lo mismo. La circunferencia no deja de ser un caso particular de elipse en la cual los dos focos coinciden entre sí y con el centro de la figura. Exceptuando este caso, en toda elipse se definen dos ejes de simetría perpendiculares: un *eje mayor* (que contiene a los focos), y otro *menor* (que se cruza con el anterior en el centro **C** de la elipse) a los que denominaremos respectivamente **A** y **B**. Los extremos de *A* se denominan *ápsides* y, en relación a uno de los focos, se llama *apoápside* o *apoapsis* (**Af**) al más lejano y

---

[1] En honor a la verdad, las leyes de Kepler sólo son aplicables para casos en los que la diferencia de masas entre el cuerpo en órbita y el central es enorme. Éste es, muy aproximadamente, el caso de cualquier planeta con respecto al Sol. Sin embargo, en sistemas como una estrella binaria o el formado por la Tierra y su luna esta relación ya no es despreciable: son ambos cuerpos los que orbitan describiendo elipses con el baricentro del sistema (el centro de gravedad) en el foco común.

periápside o *periapsis* (**Pe**) al más cercano. Colocando a un cuerpo celeste en este foco, como indica la 1ª ley de Kepler, hablamos respectivamente de *apoastro* y *periastro*, y, en función de cuál de ellos se trate, tenemos las parejas *afelio/perihelio* (Sol), *apogeo/perigeo* (Tierra), *aposelenio/periselenio* (Luna), etc. La recta que pasa por los ápsides (y contiene, por tanto, al eje mayor) es la *línea de ápsides* (**LA**). Obsérvese que, si trazamos una circunferencia cuyo diámetro sea la media aritmética de los ejes de una determinada elipse, sus respectivos perímetros son aproximadamente iguales. Obtenemos así una fórmula sencilla para estimar la longitud de una elipse:

$$\mathbf{L} = \pi(\mathbf{A}+\mathbf{B})/2 \tag{1}$$

La Tierra, cuyos ejes orbitales miden respectivamente 299.195.775 y 299.154.000 km, recorre por tanto casi 1.000.000.000 km al cabo del año.

El parámetro fundamental de toda elipse es su *excentricidad* (e), definida matemáticamente como:

$$\mathbf{e} = [1 - (\mathbf{b}^2/\mathbf{a}^2)]^{1/2} \tag{2}$$

donde **a** y **b** son, respectivamente, los *semiejes mayor y menor* (**A**/2 y **B**/2). La excentricidad varía entre 0 (la de una circunferencia) y 1 (la de una parábola) y da una idea de cuán "achatada" es una elipse. El planeta de órbita más circular es Venus (seguido por Neptuno y la Tierra), y el de mayor excentricidad, Marte. Los cometas tienen órbitas por lo general mucho más excéntricas. A partir de **a**, **b** y **e** podemos calcular una serie de parámetros característicos de la órbita de cada planeta: su distancia mínima al Sol o *distancia perihélica*:

$$\mathbf{q} = \mathbf{a}\,(1\text{-}\mathbf{e}), \tag{3}$$

su *distancia afélica*:

$$\mathbf{Q} = \mathbf{a}\,(1\text{+}\mathbf{e}), \tag{4}$$

o su *velocidad orbital media*[1]:

$$\mathbf{V_M} = \mathbf{V_T}\,\mathbf{a}^{-1/2}, \qquad\qquad [5]$$

siendo $\mathbf{V_T}$ es la velocidad orbital media de la Tierra (unos 30 km/s). Esto último es importante: significa que, al igual que la masa de un cuerpo es independiente de su velocidad de caída cuando se somete a un campo gravitatorio, tampoco influye en su velocidad orbital (fenómenos equivalentes desde el punto de vista dinámico). Por ejemplo, la velocidad orbital de un satélite artificial (y, por tanto, su periodo de translación alrededor de la Tierra) depende únicamente de su altitud[2].

Por su parte, la 3ª Ley de Kepler nos dice que el *periodo orbital* o de translación de un planeta (**P**) es:

$$\mathbf{P} = \mathbf{a}^{3/2} \qquad\qquad [8]$$

Expresando **a** en UAs, obtenemos **P** en años terrestres. El movimiento medio diario de un planeta, expresado en grados, es de:

---

[1] La velocidad máxima (en el periastro) es:

$$\mathbf{V_{Pe}} = \mathbf{V_M}\,(1+\mathbf{e}/1-\mathbf{e})^{1/2} \qquad\qquad [6]$$

y la velocidad mínima (en el apoastro):

$$\mathbf{V_{Ap}} = \mathbf{V_M}\,(1-\mathbf{e}/1+\mathbf{e})^{1/2} \qquad\qquad [7]$$

[2] Si un cuerpo tiene un periodo de translación igual al periodo de rotación del astro entorno al cual gira, se dice que es *astrosíncrona*. Si además tiene una excentricidad nula y coincide aparentemente con el ecuador celeste del astro, es *astroestacionaria*. En la Tierra, la *órbita geoestacionaria* se sitúa a una altitud de 35.790 km sobre el nivel del mar. Los cuerpos situados en esta órbita mantienen su posición relativa respecto a la superficie terrestre. A órbitas menores que las astrosíncronas, los astros adelantan a la rotación del cuerpo central, desde el cual describen aparentemente una órbita retrógrada (p. ej. Fobos sale por el horizonte oeste marciano).

$$n = k/P \qquad [9]$$

donde **k** es la llamada *constante de Gauss* o movimiento medio diario de la Tierra, cuyo valor es de 360°/365,25 días = 0,9856°/día. Por último, el *periodo sinódico* (P_{sin}) de un planeta (el tiempo que transcurre entre dos oposiciones sucesivas), expresado en años terrestres, es:

$$P_{sin} = (1 - P^{-1})^{-1} \qquad [10]$$

Vemos que con los elementos orbitales estudiados **a**, **b** y **e** (en realidad sólo con dos cualesquiera, pues el tercero se puede calcular a partir de ellos) queda definida no sólo la forma y dimensiones de la elipse orbital, sino también el periodo de translación del planeta que la ocupa y su velocidad a lo largo de la misma. Pero ¿qué hay de la orientación de esta elipse en el espacio? Al observar en un libro un esquema a escala del Sistema Solar, tendemos a pensar intuitivamente que todas las órbitas planetarias son coplanarias, es decir, que comparten un mismo plano del espacio (el del papel del libro) y que además los ejes mayores de sus órbitas (en el caso de que se representen) son también coincidentes, pero la realidad es bien distinta[1]. Para orientar inequívocamente una elipse en el espacio tridimensional hacen falta tres ángulos, representados en la fig. 2.

Al igual que, como decía Protágoras, "el hombre es la medida de todas las cosas", se puede decir que en el Sistema Solar la Tierra es la referencia para los elementos orbitales de los planetas (después de todo, hasta ahora no hemos encontrado nadie en la vecindad que nos discuta este privilegio).

---

[1] El hecho de que las órbitas de los cuerpos del Sistema Solar no compartan la misma línea de ápsides ni la misma excentricidad implica que el momento de la oposición (instante en el cual la Tierra pasa entre el Sol y el astro en cuestión) no coincida exactamente con el momento de máximo acercamiento a nuestro planeta, como cabría esperar, sino hasta unos días antes o después de esta fecha.

Así, el primero de esos ángulos es la *inclinación orbital* (**i**), que es el ángulo existente entre el plano de la órbita del astro y el plano de la órbita de la Tierra o *eclíptica*. Entre los planetas, la mayor inclinación orbital corresponde a Mercurio (7º), y la de la Luna con respecto a la Tierra no se queda atrás (5º), pero algunos cometas y

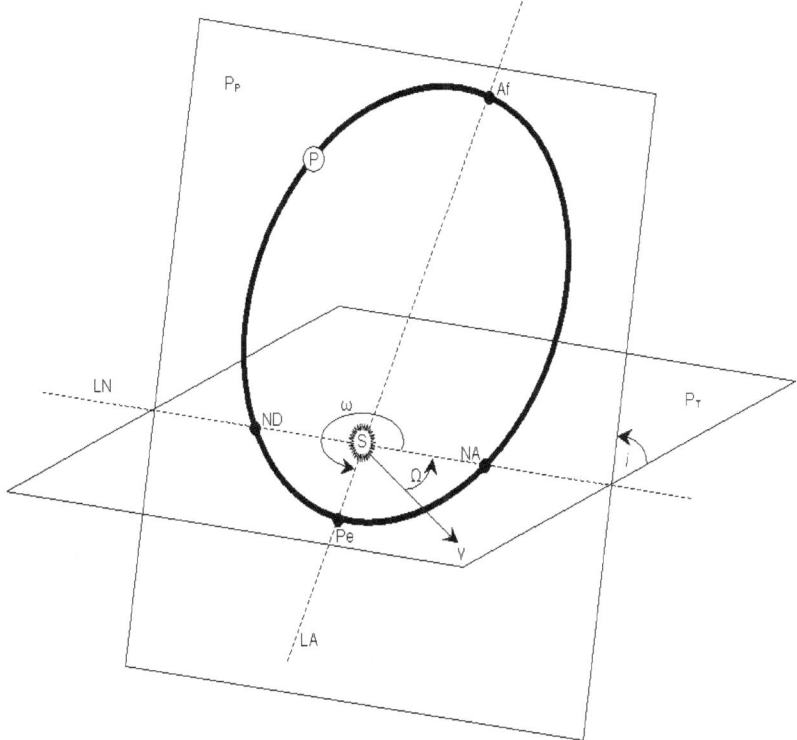

Fig. 2. *Elementos orbitales. **P**$_P$: plano orbital del astro **P**. **P**$_T$: plano orbital de la Tierra. **S**: Sol. **γ**: dirección del punto Aries (equinoccio vernal o de primavera).*

asteroides transneptunianos tienen inclinaciones de casi 90º (perpendiculares a la eclíptica), e incluso se conocen muchos satélites y cometas −como el célebre Halley- con inclinaciones mayores, es decir, con *órbitas retrógradas* (se mueven en sentido horario, al contrario que la mayoría de astros del Sistema Solar). La inclinación orbital es la causa de que las "verdaderas" conjunciones (es decir, contacto aparente entre los discos de los cuerpos, como en un tránsito o un eclipse) sean tan infrecuentes.

Como es bien sabido, dos planos no paralelos se intersecan en una recta; y el plano orbital de todo astro corta al plano de la eclíptica en la llamada *línea de los nodos* (**LN**). Cuando el astro está atravesando hacia el S la eclíptica, se dice que está pasando por su

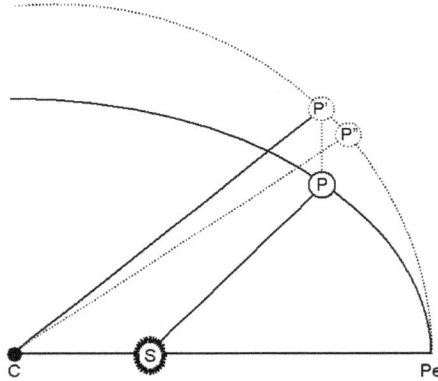

Fig. 3. Anomalías orbitales.

nodo descendente (**NA**), y, si lo hace en sentido contrario, por su *nodo ascendente* (**ND**). Pues bien, la *longitud del nodo ascendente* (esto es, el ángulo que forma con el *meridiano eclíptico*[1], medido en sentido directo o antihorario) o, si se quiere, la del punto donde se proyecta en la bóveda celeste, es otro de los elementos orbitales, designado por la letra Ω. Un tercer y último ángulo sería la *longitud del periastro* (es decir, la de la proyección de la línea de ápsides [**LA**] en la bóveda celeste, medida desde la dirección del periastro y en sentido igualmente directo), designado por ϖ, si bien con mucha más frecuencia se habla del *argumento del periastro* (ω), que es el ángulo que forman entre sí la línea de los nodos y la de los ápsides ($\omega = \varpi - \Omega$).

Con los elementos orbitales vistos (**a**, **e**, **i**, Ω y ω) tenemos el *tamaño*, *forma* y *posición* de una elipse orbital; nos hace falta un sexto dato para ubicar, en un determinado instante, al astro a lo largo de esta línea. Normalmente se facilita la *fecha juliana* del

[1] El *meridiano eclíptico* es la perpendicular a la eclíptica que pasa por los puntos equinocciales.

134

momento de un paso por uno de los puntos notables de la órbita, generalmente el nodo ascendente o el periastro (en cuyo caso este elemento orbital se designa por **T**). Aplicando entonces las leyes de Kepler se puede estimar la posición del astro en cualquier momento. Otra forma de hacerlo es expresando el ángulo, medido desde el Sol, que forma el cuerpo con su periastro: es la llamada *anomalía verdadera* (**V**) (ángulo **S-P-Pe** en la fig. 3). Si éste ángulo se mide desde el centro de la elipse, y respecto a la proyección del astro en una circunferencia con radio a (llamada *circunferencia principal o auxiliar*), tenemos la *anomalía excéntrica* (**E**) (ángulo **C-P'-Pe** en la fig. 3), y si se mide respecto a un astro ficticio de igual periodo orbital pero moviéndose con velocidad uniforme a lo largo de la circunferencia principal, entonces es la *anomalía media* (**M**) (ángulo **C-P''-Pe** en la fig. 3). Las tres anomalías se relacionan entre sí mediante la *ecuación de Kepler*:

$$\mathbf{M} = \mathbf{E} - \mathbf{e} \operatorname{sen} \mathbf{E} \qquad [12]$$

$$\mathbf{V} = \arccos \left[(\cos \mathbf{E} - \mathbf{e}) / (1 - \mathbf{e} \cos \mathbf{E}) \right] \qquad [13]$$

(ángulos expresados en radianes)

Así, si en un determinado instante o **época** han transcurrido **t** días desde el paso por el periastro (**T**), la anomalía media del cuerpo es:

$$\mathbf{M} = \mathbf{nt}, \qquad [14]$$

a partir de lo cual se puede calcular **a** (véase [9] y [8]) y **V** para conocer la verdadera posición del astro en su órbita, ya que su *longitud celeste* (**l**) vendrá dada por:

$$\mathbf{l} = \varpi + \mathbf{V} \qquad [15]$$

Además, tenemos que el radio-vector (segmento **SP** en la fig. 3) mide:

$$\mathbf{r} = \mathbf{a}\,(1 - \mathbf{e}\cos\mathbf{E}) \qquad\qquad [16]$$

Los elementos orbitales no son valores constantes, están sometidos a continuas variaciones[1], tanto periódicas como aperiódicas, debidas esencialmente a las interacciones gravitatorias entre los astros —en el Sistema Solar, asociadas particularmente a Júpiter— que complican enormemente la elaboración de predicciones astronómicas a largo plazo. Por ejemplo, el perihelio de la Tierra, que actualmente está en la constelación de Gemini, se desplaza casi 12" al año, y el de la Luna da una vuelta en torno a la Tierra en sólo 9 años. La línea de los nodos varía análogamente en todos los astros, en el mismo sentido o en el contrario al de la variación de la línea de ápsides. En el caso de nuestro satélite, el nodo ascendente describe una rotación (retrógrada) en torno a la Tierra cada 18,6 años[2]. La excentricidad orbital también sufre perturbaciones: la de la Tierra, que actualmente es de 0,017, varía entre 0,005 y 0,058 en periodos de 413.000 años, y los cambios que esto conlleva en nuestra distancia al Sol pueden haber sido un factor decisivo en la historia climática del planeta. Mucho más rápidos y acusados son los cambios en la excentricidad lunar, fuertemente influenciada por la acción gravitatoria del Sol. La distancia a la Luna en perigeo puede variar hasta un 4% de un mes a otro. Por último, parece ser que el plano orbital de nuestro planeta tampoco es invariable[3]: oscila, con un periodo de 100.000 años, un grado por encima o por debajo del llamado *plano invariable*[4], que es el que contiene la baricentro del Sistema Solar (y que casi coincide, lógicamente, con el plano orbital de Júpiter). Como consecuencia de ello, todos los

---

[1] Más allá de las simplemente debidas a la precesión de los equinoccios, que desplaza lentamente el origen de coordenadas de ϖ y Ω.

[2] Este ciclo determina el periodo de repetición de la misma secuencia de eclipses o *periodo Saros*.

[3] Esto implica también cambios en la posición de la eclíptica en la bóveda celeste y en las constelaciones que atraviesa. Orión, por ejemplo, volverá a ser zodiacal dentro de 5.000 años.

[4] Más justamente debiera ser éste el plano de referencia para todo el Sistema Solar.

elementos orbitales dependientes de la eclíptica varían paulatinamente con el tiempo[1].

Así, al hablar del periodo orbital de un cuerpo realmente nos referimos al tiempo en que tarda en completar, de perihelio a perihelio, una revolución completa a lo largo de su órbita, es decir, el tiempo que tarda en tener la misma anomalía: es el llamado *periodo anomalístico*, que en ningún caso coincide exactamente con periodo orbital referido al fondo de "estrellas fijas" (*periodo sidéreo*) ni con el tiempo empleado en atravesar dos nodos ascendentes sucesivos (*periodo draconítico*). P. ej., el mes anomalístico dura casi 6 h más que el sidéreo y 8 h más que el draconítico. En el caso de la Tierra, el año anomalístico es 5' más largo que el sidéreo.

Evidentemente, la mayor utilidad de los elementos orbitales es poder calcular a partir de ellos las coordenadas celestes del astro en cualquier momento, es decir, su posición en el firmamento. Detallar el proceso matemático subyacente tras esta operación rebasa con mucho las pretensiones de este capítulo, así que nos limitaremos únicamente a sintetizar los algoritmos que a tal efecto proporcionan los manuales de Astronomía. El primer paso es calcular las coordenadas heliocéntricas (X, Y, Z) del astro:

$$\mathbf{X} = \mathbf{r} \left[\cos \Omega \, \cos (\mathbf{V} + \varpi - \Omega) - \text{sen} \, \Omega \, \text{sen} \, (\mathbf{V} + \varpi - \Omega) \cos \mathbf{i} \right] \quad [17]$$

$$\mathbf{Y} = \mathbf{r} \left[\text{sen} \, \Omega \, \cos (\mathbf{V} + \varpi - \Omega) + \cos \Omega \, \text{sen} \, (\mathbf{V} + \varpi - \Omega) \cos \mathbf{i} \right] \quad [18]$$

$$\mathbf{Z} = \mathbf{r} + \left[\text{sen} \, (\mathbf{V} + \varpi - \Omega) \, \text{sen} \, \mathbf{i} \right], \quad [19]$$

cumpliéndose además el teorema de Pitágoras:

$$(\mathbf{X}^2 + \mathbf{Y}^2 + \mathbf{Z}^2) = \mathbf{r}^2 \quad [20]$$

---

[1] No confundir con los cambios en la oblicuidad de la eclíptica, es decir, la variación en el ángulo formado por el eje de rotación de la Tierra y su plano orbital. La amplitud de este movimiento es de 2,4º y se repite en ciclos de 41.000 años. Actualmente este ángulo está decreciendo, lo que significa que los trópicos están paulatinamente disminuyendo su latitud absoluta y los círculos polares aumentándola.

A los terrícolas nos interesan, sin embargo, las coordenadas referidas al centro de nuestro planeta. Basta con calcular las coordenadas heliocéntricas de la Tierra (X_T, Y_T, Z_T) en ese momento y restárselas a las del astro en cuestión:

$$X' = X - X_T \qquad [21]$$
$$Y' = Y - Y_T \qquad [22]$$
$$Z' = Z - Z_T \qquad [23]$$

Ahora podríamos calcular directamente las *coordenadas eclípticas* (*latitud* y *longitud celestes*) del astro, pero suele ser más práctico calcular sus *coordenadas ecuatoriales*, es decir, referidas no a la eclíptica sino al *ecuador celeste*. Para ello basta una simple transformación:

$$X_Q = X' \qquad [24]$$
$$Y_Q = Y' \cos ec - Z' \operatorname{sen} ec \qquad [25]$$
$$Z_Q = Z' \operatorname{sen} ec + Z' \cos ec \qquad [26]$$

donde **ec** es la *oblicuidad de la eclíptica* (aproximadamente 23,5º en la actualidad). Por fin podemos calcular las coordenadas celestes ecuatoriales: *ascensión recta* (**α**, distancia angular al *meridiano* o[1]) y *declinación* (**δ**, distancia angular al ecuador celeste), de uso inmediato en cualquier carta celeste:

$$\alpha = \arctan (X_Q / Y_Q) \qquad [27]$$
$$\delta = \arctan [Z_Q (X_Q^2 + Y_Q^2)^{-1/2}] \qquad [28]$$

Y podemos saber la *distancia* (**D**) que nos separa del astro:

$$D = (X_Q^2 + Y_Q^2 + Z_Q^2)^{1/2} \qquad [29]$$

---

[1] El *meridiano* o es la perpendicular al ecuador celeste que pasa por los puntos equinocciales.

No obstante, cuando se descubre un nuevo astro del Sistema Solar, el proceso generalmente es el inverso: se trata de calcular sus elementos orbitales a partir de sus coordenadas celestes. Eminentes astrónomos y matemáticos (Newton, Laplace, Boscovich, Gauss) dedicaron buena parte de su obra a este problema, y demostraron que es posible determinar con precisión los elementos orbitales de cualquier cuerpo celeste en órbita entorno al Sol a partir de tres o incluso sólo dos posiciones separadas en el tiempo. Ni que decir tiene que a medida que se acumulan las observaciones la precisión obtenida en el cálculo aumenta correlativamente. De forma intuitiva, observando el desplazamiento del astro con el tiempo podemos llegar a estimar n, es decir, su movimiento medio diario, a partir del cual podemos hallar P y a ([9] y [8]). Observando, además, la variación de su velocidad con el tiempo, descubriremos en el transcurso de un periodo orbital completo su *velocidad afélica* y *perihélica* ([7, 6]), lo que nos proporciona no sólo la posición del perihelio (ϖ) sino también la excentricidad de la elipse orbital. El resto de elementos pueden calcularse estableciendo sistemas de ecuaciones a partir de las fórmulas [17 – 20].

Corolario: el uso de matemáticas -aunque sea recurriendo a operaciones aritméticas relativamente sencillas, como en el caso de este texto- es muchas veces inevitable en Astronomía de Posición. Lo verdaderamente relevante es darse cuenta de que es posible deducir unos parámetros a partir de otros y éstos a su vez a partir de observaciones astronómicas perfectamente asequibles al aficionado medio. Si nos asustan todas estas fórmulas, siempre podemos introducirlas en un programa o en una sencilla hoja de cálculo y dejar que el ordenador haga todas las operaciones, seguramente de forma más exacta y rápida de lo que podamos llegar a soñar por nuestra cuenta.

11. Cursillo básico de LINCOS

Imaginemos que, en algún momento del futuro, establecemos contacto con una lejana civilización extraterrestre. ¿Cómo podríamos comunicarnos con ellos? Históricamente, la comunicación entre personas sin que medie un lenguaje común entre ellas ha sido un problema en ocasiones de gran trascendencia, y se piensa que la "torre de babel" en que se ha convertido el mundo actual ha sido un obstáculo para la evolución cultural y la cooperación entre los pueblos. Desde hace siglos se han propuesto, con más o menos éxito, varios modelos de lenguas artificiales para que operen a nivel universal y sirvan como segunda lengua internacional a todas las personas cuando dialogan entre sí, independientemente de su origen. De entre ellas, el Esperanto y el Interlingua han sido las más difundidas. Ambas tienen en común una serie de características:

- Están basadas, en mayor o menor medida, en la gramática latina.
- Son lenguas neutrales, es decir, están creadas a partir de la fusión de múltiples lenguas, sin tendencia particular por ninguna de ellas.
- Son sencillas y fáciles de aprender y enseñar. El Esperanto, por ejemplo, sólo tiene catorce reglas básicas, sin excepciones.
- Son propedéuticas, esto es, su conocimiento facilita el aprendizaje de las lenguas en las que se basan.

Sin embargo, a efectos prácticos, han sido algunas lenguas nacionales las que han prosperado a nivel internacional. En el ámbito científico, la supremacía actual del inglés es innegable, al igual que antes lo fue del francés, el alemán y el latín. El español, a pesar de ser la primera lengua para más de 400 millones de personas, no ha prosperado en este campo. Por último, el chino, la lengua más hablada del mundo, tiene una difusión prácticamente nula fuera de China.

No obstante, aunque no exista un lenguaje compartido, dos humanos siempre podrán comunicarse entre sí hasta cierto punto, gracias a:

- La presencia de referentes culturales comunes, identificables por ambos, que permitan, al principio, esbozar los parámetros básicos de la comunicación,
- o bien, en ausencia de éstos, se puede recurrir a otras formas de comunicación icónica o gestual. La capacidad humana de transmitir información y conocimientos mediante esta vía, atravesando barreras culturales, históricas y generacionales, es prácticamente ilimitada.

Como analogía, los antropólogos culturales han detectado una serie de coincidencias interesantes entre civilizaciones que en modo alguno han tenido relación entre sí, como la tendencia (que no está, sin embargo, ni mucho menos generalizada) de usar la base decimal en sus operaciones aritméticas, dada la tendencia humana a contar ayudándonos de los dedos de las manos. No obstante, el problema que planteamos al principio es de naturaleza muy distinta. Estamos hablando de intercambiar de la forma más eficiente posible información con otra civilización no humana y, por tanto, totalmente desconocida y ajena a cualquier idea preconcebida de lo que implica una cultura tecnológica, a nivel sociológico, psicológico o incluso biológico. Adicionalmente, hay que tener en cuenta que se trataría de una conversación muy particular, en tanto que se realizaría utilizando ondas de radio[1] (con las limitaciones de modulación que ello impone) y, previsiblemente, con un desfase de varios años entre "preguntas" y "respuestas", debido a la finitud en la velocidad de propagación de las ondas electromagnéticas.

Prácticamente todas las respuestas que se puedan ofrecer al dilema han de pasar, necesariamente, por la propuesta (por parte de alguno de los dos Mundos), de un código común sobre el cual articular posteriormente la transferencia de información[2]. Cuesta trabajo deshacerse de todos los prejuicios y suposiciones acerca de nuestra condición de humanos y seres vivos terrestres para elaborar al fin un código que sea realmente universal y comprensible por seres totalmente ajenos a nuestros conocimientos y nuestra forma de pensar y actuar[3].

---

[1] Prácticamente todos los especialistas del mundo coinciden en que, según nuestros conocimientos actuales, las ondas de radio son el medio idóneo para la transmisión interestelar de información. Se trata de una tecnología relativamente sencilla, barata y eficiente, y es de sospechar que una gran cantidad de hipotéticas civilizaciones extraterrestres hayan llegado a la mismas conclusiones (por lo menos, es una esperanza fundada en bases racionales). El proyecto SETI, que busca "interceptar" comunicaciones de este tipo mediante una red internacional de radiotelescopios, se basa en esta presunción. Otra cuestión es especular acerca de qué frecuencia es la idónea para transmitir (o escuchar) mensajes interestelares. También se pueden proponer respuestas racionales a este problema, como se explica en Sagan (1993).

[2] Un caso análogo se dio hace décadas en el mundo de la informática, durante la proliferación de multitud de códigos diferentes que impedían una transferencia eficaz de datos entre máquinas de diferentes fabricantes. Tras largas deliberaciones, se consensuó la utilización de un sistema único que hoy es aceptado por la práctica totalidad de compañías: el Código Estándar Americano para el Intercambio de Información (el popular ASCII).

[3] Uno de los aspectos criticados de la famosa placa que viaja a bordo de la *Pioneer* 10, diseñada por Carl y Linda Sagan, que contiene una serie de dibujos y símbolos representativos de nuestra civilización y conocimientos, es el uso de flechas como elementos de los diagramas. Este detalle ha sido considerado excesivamente antropocentrista. El uso de flechas, totalmente natural para nosotros, tiene sus orígenes en nuestro pasado de cazadores-recolectores; y su empleo simbólico posterior puede no ser interpretado correctamente por extraterrestres ajenos a nuestra historia.

Sin embargo, no es una empresa inabarcable. Antes hemos dicho que el desconocimiento mutuo entre ambas civilizaciones podría ser absoluto. Esto no es exacto. El hecho mismo de que estén utilizando radioondas para comunicarse es fuente de gran cantidad de información. Como mínimo, sabremos que se trata de una cultura organizada con amplios conocimientos científicos y técnicos, con la información precisa acerca de matemáticas, física y Astronomía como para intuir que pueden no estar solos en el Universo y querer establecer contacto con otros seres. El hecho de que una civilización tecnológica llegue al nivel de desarrollo necesario como para construir radiotelescopios capaces de transmitir información a grandes distancias es considerado uno de los factores limitantes en la famosa ecuación de Sagan y Drake, que intenta calcular el número de civilizaciones extraterrestres presentes en nuestra galaxia. Adicionalmente, al establecer contacto, podremos saber de qué región del firmamento procede el mensaje. Con suerte se tratará de una zona accesible a nuestros instrumentos científicos y podremos saber si procede de una "baliza" interestelar o si, por el contrario, se origina en un planeta extrasolar, en cuyo caso, averiguando su tamaño y distancia a la estrella, podremos intuir los parámetros ecológicos básicos en los que se ha desarrollado esta civilización (gravedad, radiación lumínica, etc). Con estos y otros datos básicos que podamos deducir se puede recopilar una cantidad de información considerable, que sin duda será útil a la hora de establecer una comunicación.

Los intentos de comunicación con extraterrestres realizados hasta la fecha (básicamente las placas depositadas a bordo de las *Pioneer* y *Voyager* y el mensaje enviado en 1974 desde Arecibo) han hecho uso de estas premisas, asumiendo la universalidad de las leyes de la física y la naturaleza de las matemáticas (y de la música[1]) como lenguajes cósmicos. En efecto, los valores de las constantes físicas y cosmológicas, como su nombre indica, son iguales en todo el Universo, independientemente de dónde o cómo

---

[1] Las *Voyager* llevan a bordo un registro fonográfico con muestras musicales de diferentes culturas y épocas, además de saludos en 60 idiomas y diferentes sonidos de la naturaleza.

se realice la observación. De igual forma, las leyes básicas de la geometría o de la aritmética son también generales y seguramente conocidas por todas las culturas del Cosmos mínimamente avanzadas. Esto también asienta unas bases sólidas sobre las que construir un sistema universal de comunicación.

El intento más serio de sistematizar un posible lenguaje universal se debe al Dr. Hans Freudenthal, que publicó en 1960 un libro titulado *"LINCOS: diseño de un lenguaje para la unión cósmica"*. LINCOS es la abreviatura del término latino *Lingua Cosmica*, es decir, un lenguaje básico comprensible por todo ser inteligente del Universo. La propuesta del Dr. Freudenthal hoy se considera un trabajo meramente teórico, hasta la fecha no se ha llevado a la práctica en su totalidad, pero ha servido de precedente para posteriores propuestas dentro del campo CETI (Comunicación con Inteligencias Extraterrestres). Su idea se basa en intentar "enseñar" LINCOS a la civilización contactada, mediante mensajes de radio codificados, para que la comunicación se establezca con un lenguaje común. Hay que tener en cuenta la dificultad que plantea esto: cuando aprendemos otro lenguaje, podemos hacer uso de estructuras metalingüísticas en nuestro propio idioma para resolver dudas, traducir términos, aclarar conceptos, etc. En el caso de la comunicación interestelar, tenemos que enseñar LINCOS utilizando sólo el propio LINCOS desde el principio. El mensaje y el código son consustanciales. Las transmisiones, inicialmente, carecerán de todo sentido para ellos, pero hay que asumir que intentarán descifrarlas usando la lógica. En este sentido, LINCOS tiene un carácter progresivo, avanzando desde conceptos generales presumiblemente comprensibles por todos, para llegar a términos más específicos que constituyen la propia transmisión de información buscada.

Para explicar entre humanos la estructura de LINCOS, se hace uso de una estructura sistematizada basada en símbolos más o menos familiares para todo el mundo (se habla de "LINCOS escrito"). Pero hay que tener en cuenta que el LINCOS "hablado" funcional consiste únicamente en pulsos de radio de diferente duración y longitud de onda[1]. La primera parte del libro de Freudenthal está dedicada a la introducción de conceptos matemáticos sencillos, que probablemente el receptor conoce. No se trata, en este caso, de adoctrinar a los extraterrestres sobre matemáticas básicas, sino de utilizar conceptos conocidos para intentar explicar el propio método de codificación del mensaje. Así, podemos comenzar el mensaje con:

$$• • • • • > • • •$$
$$• • • • • • • > • • •$$
$$• • • • • • • > • • • • •$$
$$• • • • • • • > •$$

etc.

Tras una serie larga de muestras de este tipo, podemos esperar que el receptor comprenda que cada punto simboliza una unidad numérica, es decir, "• • • •" significa "4"; y que " > " significa "mayor que". Posteriormente podemos pasar a introducir otros operadores lógicos y los primeros cálculos aritméticos:

$$• • < • • • • • •$$
$$• • • • • = • • • • •$$
$$• • • • + • • = • • • • • •$$
$$• • • • • • − • • = • • • •$$

Todo ello, claro está, mediante generosas series de ejemplos, para asegurarnos la perfecta comprensión de los términos. Una vez explicado el significado de " = " podemos sustituir las engorrosas series de puntos por sus equivalentes binarios o decimales:

$$• = 1$$

---

[1] Parte de la trama argumental de la novela "Contacto", de Carl Sagan (1987) y de la película homónima de Robert Zemeckis se inspiran en LINCOS para explicar el método de transmisión de información utilizado por una hipotética civilización extraterrestre.

•• = 10
••• = 11
•••• = 100
••••• = 101

o bien:

• = 1
•• = 2
••• = 3
•••• = 4
••••• = 5

El siguiente paso (crítico) en el sistema LINCOS es la introducción del concepto de variable, como símbolo que sustituye a un valor numérico genérico:

4 + 3 > 2 + 3
4 + 13 > 2 + 13
4 + 1 > 2 + 1
[…]
4 + a > 2 + a

Mediante el uso de variables podemos explicar conceptos matemáticos más complejos, como cuantificadores, conjuntos y funciones. El capítulo termina con las instrucciones precisas para completar los conocimientos necesarios de lógica booleana y álgebra elemental:

?x x+2=7	(¿cuál es el x tal que x+2=7?)
x+2=7 → x=5	(si x+2=7, entonces x=5)
?x a<b and x+a=b	(¿cuál es el x tal que a<b y x+a=b?)
a<b and x+a=b → x=b-a	(si a<b y x+a=b, entonces x=b-a)

El segundo capítulo del libro está dedicado a introducir otro concepto fundamental: el tiempo. Para ello, Freudenthal utiliza el término "función" anteriormente explicado, creando la función "duración" (dur) sobre, por ejemplo, un determinado "sonido" (un pulso de radioondas). Por ejemplo:

Dur (sonido) = sec 3

La introducción de una escala temporal permite ubicar los acontecimientos de forma secuencial y hacer referencia a acontecimientos pasados o futuros. Esto posibilita la aparición de palabras como "hasta" (Usq) y "ocurrir" (Fit)

t1 [sonido] t2   t1 Usq t2 Fit [sonido]   (si hay un pulso en un momento entre los instantes t1 y t2, entonces desde t1 hasta t2 ocurre un sonido)

En el siguiente capítulo, titulado "comportamiento" el autor comienza a describir las reglas básicas de la conversación y, por tanto, de la transmisión de conocimientos: definición de sujetos, secuencia de intervención, solicitud de datos, juicio sobre la información facilitada, etc. Secundariamente, se procede a la introducción de conceptos complejos, necesarios para describir situaciones ficticias en las que los términos (aquí designados por Ha, Hb, etc.), no simbolizan variables, sino los sujetos operativos de una conversación. Nuevamente, LINCOS no puede explicar por sí mismo estos conceptos abstractos, sino simplemente esperar que el receptor los deduzca y los interprete correctamente mediante inferencias lógicas a partir de la información proporcionada. Un diálogo básico (sobre lo único que saben ambos interlocutores: matemáticas) sería:

Ha Inq Hb ?x 2x=5   (Ha dice a Hb: ¿cuál es el x tal que 2x=5?)
Hb Inq Ha 5/2   (Hb dice a Ha: 5/2)
Ha Inq Hb Ben   (Ha dice a Hb: bien)
Ha Inq Hb ?x 4x=10 (Ha dice a Hb: ¿cuál es el x tal que 4x=10?)
Hb Inq Ha ¼   (Hb dice a Ha: 1/4)
Ha Inq Hb Mal   (Ha dice a Hb: mal)
Hb Inq Ha 5/2   (Hb dice a Ha: 5/2)
Ha Inq Hb Ben   (Ha dice a Hb: bien)

De esta forma aparecen las formas interrogativas y las expresiones para valorar la certeza de una afirmación. Tras una serie larga de repeticiones, es esperable que el receptor entienda que Ha y Hb son los sujetos de un diálogo ficticio y que Ha es el emisor y no a la inversa. La introducción de estos nuevos términos permite usar otros tipos de pregunta, como "quién":

t1Ha Inq Hb ?x 4x=10t2 (Ha dice a Hb: ¿cuál es el x tal que 4x=10?)

Hb Inq Hc ?y t1 t2 y Inq Hb ?x 4x=10 (Hb dice a Hc: ¿quién me preguntó antes 'cuál es el x tal que 4x=10?')

Hc Inq Hb Ha (Hc dice a Hb: Ha)

De manera análoga podemos añadir a nuestro vocabulario palabras como: "por qué", "porque", "cómo", "saber", "querer", etc, así como citas a intervenciones de terceras personas, lo que flexibiliza en gran medida la rigidez inicial de las conversaciones en LINCOS[1]. De esta forma se introducen los conceptos relativos a "espacio", "movimiento" y "masa", que constituyen la materia del cuarto y último capítulo de la obra de Hans Freudenthal. Un segundo libro, que nunca salió a la luz, trataría de los conceptos "materia", "Tierra", "vida" y "comportamiento 2".

A pesar de que ha sido criticado igualmente de antropocentrista, al dar por supuesto deducciones que sólo son posibles en contextos comunicativos humanos, la aproximación de este autor al problema de la transmisión de información con inteligencias extraterrestres constituye, hasta la fecha, el intento más serio realizado en este sentido. Aunque no se lleve a la práctica, por lo menos es un inteligente ejercicio que nos ayuda a entender la estructura de nuestro propio lenguaje y nuestra naturaleza como seres conscientes de su pequeño lugar en el Universo.

---

[1] Otro elemento fundamental en cualquier texto inteligible es la puntuación (incluyendo la posición de paréntesis, corchetes, etc). En el "LINCOS hablado", la puntuación se consigue mediante pausas de duración proporcional a la jerarquía de cada signo de puntuación.

Referencias:

Bassi, B. 1992. Were it Perfect, Would it Work Better? Survey of a Language for Cosmic Intercourse. http://www.brunobassi.it/scritti/lincos.html

Freudenthal, H. 1960. Lincos - Design of a Language for Cosmic Intercourse. North Holland.

Sagan, C. 1987. Contacto. Plaza & Janés.

Sagan, C. (ed.) 1993. Comunicación con Inteligencias Extraterrestres. RBA.

12. Coordenadas solares

Proponemos en este capítulo la elaboración de un algoritmo matemático para la determinación de las coordenadas altacimutales aparentes del Sol, dadas la fecha, la hora y las coordenadas geográficas del punto de observación. La expresión resultante puede ser útil para la programación de dispositivos heliostáticos, como por ejemplo paneles fotovoltaicos, cuya eficacia aumenta si se disponen perpendicularmente a los rayos solares. El método propuesto a continuación se basa en las ecuaciones compiladas por Jean Meeus en su *Astronomical algorithms* (1991), con algunos parámetros modificados a partir de otras fuentes más modernas. Se ofrecen directamente las fórmulas generales en formato Excel. Si se desea generar la correspondiente hoja de cálculo, las variables (en negrita) se habrán de sustituir en cada caso por el nombre de las celdas en las que se alojen. Por defecto, todos los valores angulares se calculan en grados. Aunque las fórmulas parecen muy complejas, en realidad contienen en muchas ocasiones varias "subrutinas" repetidas para transformar valores angulares de grados a radianes (la unidad con que trabaja Excel) y para normalizar los ángulos a un valor comprendido entre 0 y 360. Cada una de ellas puede expresarse, si se desea, en celdas diferentes.

El primer paso consiste en el cálculo de la *fecha juliana* (**FJ**) a partir de los datos de fecha y hora facilitados, que ha de ser en TU:

[**FJ**]=(si(**m**>2;truncar(365,25*(**a**+4716))+truncar(30,6001*(**m**+1))+**d**+(2-truncar(**a**/100)+truncar((truncar(**a**/100)/4)))-1524,5; truncar(365,25*(**a**-1+4716))+truncar(30,6001*(**m**+13))+**d**+(2-

truncar(a/100)+truncar((truncar(a/100)/4)))-1524,5))+
((h+min/60+s/3600)/24)

donde: s = segundos; min = minutos; h = horas; d = día; m =
mes; a = año. Este valor se ha de simplificar para cálculos posteriores mediante el llamado *siglo juliano de efemérides* (T):

[T]=(FJ-2451545)/36525

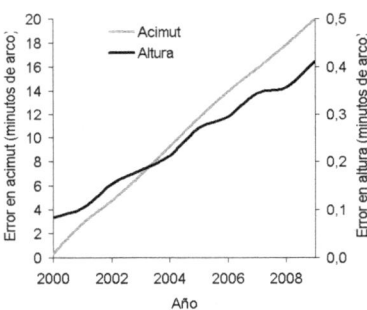

Fig. 1. Evolución interanual del error en altura y acimut de las coordenadas solares calculadas por el algoritmo.

Es importante considerar en T el mayor número posible de decimales, ya que de ello depende la exactitud de todo el proceso posterior, por lo que conviene tener activada la opción "precisión de pantalla" en Excel (*Herramientas -> Opciones -> Calcular*), para que se tengan en cuenta 15 dígitos significativos en todas las cifras. El siguiente paso es calcular el *tiempo sidéreo medio en Greenwich* (θ_o) en horas, es decir, el ángulo horario (el ángulo que forma con la meridiana) del punto vernal medio visto desde el meridiano de Greenwich en ese instante:

[θ_o]=si((280,46061837+360,98564736629*(FJ-2451545)+
0,000387933*T^2-T^3/38710000)>0;360*(((280,46061837+
360,98564736629*(FJ-2451545)+0,000387933*T^2-
T^3/38710000)/360)-truncar((280,46061837+
360,98564736629*(T-2451545)+0,000387933*T^2-
T^3/38710000)/360));360-360*abs(((280,46061837+
360,98564736629*(FJ-2451545)+0,000387933*T^2-
T^3/38710000)/360)-truncar((280,46061837+
360,98564736629*(FJ-2451545)+0,000387933*T^2-
T^3/38710000)/360)))/15

Para su conversión en *tiempo sidéreo aparente en Greenwich* ($\mathbf{\theta}$) es necesario conocer la *nutación en longitud* de la Tierra ($\mathbf{\Delta\Psi}$). Una fórmula simplificada (precisión de ± 0,5") es:

[$\mathbf{\Delta\Psi}$]=-17,2*seno(radianes($\mathbf{\Omega}$))-1,32*seno(radianes(2*$\mathbf{M}$))-0,23*seno(radianes(2*$\mathbf{L'}$))+0,21*seno(radianes(2*$\mathbf{\Omega}$))

[$\mathbf{\theta}$]= $\mathbf{\theta_o}$-(($\mathbf{\Delta\Psi}$/15)*cos(radianes($\mathbf{\varepsilon_o}$))/3600)

siendo $\mathbf{\Omega}$, $\mathbf{M}$, $\mathbf{L'}$ y $\mathbf{\varepsilon_o}$ respectivamente la *aberración anua*, la *anomalía media del Sol*, la *longitud media de la Luna* y la *oblicuidad media de la eclíptica*, cuyas expresiones se ofrecen a continuación:

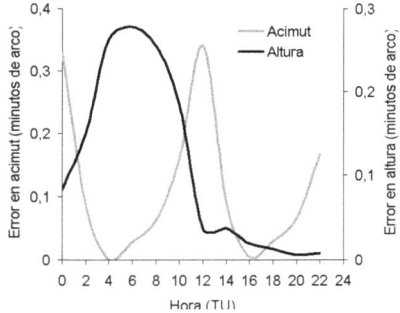

Fig. 2. *Cambios diarios en el error en altura y acimut de las coordenadas solares calculadas por el algoritmo.*

[$\mathbf{\Omega}$]=125,04-1934,136*$\mathbf{T}$

[$\mathbf{M}$]=si((357,5291+35999,0503*$\mathbf{T}$-0,0001559*$\mathbf{T}$^2-0,00000048*$\mathbf{T}$^3)>0;360*(((357,5291+35999,0503*$\mathbf{T}$-0,0001559*$\mathbf{T}$^2-0,00000048*$\mathbf{T}$^3)/360)-truncar((357,5291+35999,0503*$\mathbf{T}$-0,0001559*$\mathbf{T}$^2-0,00000048*$\mathbf{T}$^3)/360));360-360*abs(((357,5291+35999,0503*$\mathbf{T}$-0,0001559*$\mathbf{T}$^2-0,00000048*$\mathbf{T}$^3)/360)-truncar((357,5291+35999,0503*$\mathbf{T}$-0,0001559*$\mathbf{T}$^2-0,00000048*$\mathbf{T}$^3)/360)))

[$\mathbf{L'}$]=218,3165+481267,8813*$\mathbf{T}$

[$\mathbf{\varepsilon_o}$]=23,43929111-(46,815/3600)*$\mathbf{T}$-(0,00059/36000)*$\mathbf{T}$^2+(0,001813/3600)*$\mathbf{T}$^3

Esta última ecuación, adoptada por la UAI, refleja los cambios seculares que sufre la inclinación del eje de nuestro planeta, y es suficientemente precisa (± 1") para un periodo de 2000 años. Los siguientes parámetros son necesarios para calcular las coordenadas ecuatoriales absolutas del Sol: La *longitud geométrica media* del Sol (L_0) se calcula directamente a partir de **T**:

[**L$_0$**]=si((280,46645+36000,76983*T+0,0003032*T^2)>0;360* (((280,46645+36000,76983*T+0,0003032*T^2)/360)- truncar((280,46645+36000,76983*T+0,0003032* T^2)/360));360-360*abs(((280,46645+36000,76983*T+ 0,0003032*T^2)/360)-truncar((280,46645+36000,76983 *T+0,0003032*T^2)/360)))

La *excentricidad orbital* terrestre (**e**) es:

[**e**]=0,016708617-0,000042037*T-0,0000001236*T^2

La *ecuación de centro* del Sol (**C**) viene dada por la fórmula:

[**C**]=abs((1,9146-0,004817*T-0,000014*T^2))* seno(radianes(**M**))+(0,019993-0,000101*T)* seno(2*radianes(**M**))+0,00029*seno(3*radianes(**M**))

La *longitud verdadera* del Sol (☉), en una aproximación válida entre 1900 y 2100, será:

[☉]=**L$_0$**+**C**-0,01397*(**a**-2000)

La *anomalía verdadera* del Sol (**V**) es:

[**V**]=**M**+**C**

El *radiovector solar* (**R**), es decir, la distancia, en UAs, del Sol a la Tierra, es:

[**R**]=(1,000001018*(1-**e**^2))/(1+**e***cos(radianes(**V**)))

Con estos datos se puede calcular ya la *ascensión recta aparente del Sol*, referida al equinoccio de 2000 ($\alpha_{2000.0}$) y corregida para la aberración anua y la nutación:

[$\alpha_{2000.0}$]=grados(atan2(cos(radianes($\odot$-0,00569-0,00478*seno(radianes(Ω))));cos(radianes(ε_0+0,00256* cos(radianes(Ω))))*seno(radianes($\odot$-0,00569-0,00478*seno(radianes(Ω))))))

Se considera, para simplificar, que la latitud del Sol, referida a la eclíptica verdadera, es nula. El resultado, en grados, se puede convertir a horas mediante la expresión:

=(si($\alpha_{2000.0}$>0;360*(($\alpha_{2000.0}$/360)-truncar($\alpha_{2000.0}$/360));360-360*abs(($\alpha_{2000.0}$/360)-truncar($\alpha_{2000.0}$/360))))/15

Por su parte, la *declinación aparente del Sol*, referida al equinoccio de 2000 ($\delta_{2000.0}$) es:

[$\delta_{2000.0}$]=grados(aseno(seno(radianes(ε_0+0,00256* cos(radianes(Ω))))*seno(radianes($\odot$-0,00569-0,00478*seno(radianes(Ω))))))

Para transformar estas coordenadas ecuatoriales absolutas en coordenadas altacimutales, es necesario calcular antes el *ángulo horario local aparente* (**H**) en el momento de la observación:

[**H**]=si(((θ_0-(-(**lon**^{o}+**lon'**/60+**lon''**/3600)/15)-($\alpha_{2000.0}$/15))*15) >0;360*((((θ_0-(-(**lon**^{o}+**lon'**/60+**lon''**/3600)/15)-($\alpha_{2000.0}$/15))* 15)/360)-truncar(((θ_0-(-(**lon**^{o}+**lon'**/60+**lon''**/3600)/15)-($_{2000.0}$/15))*15)/360));360-360*abs((((θ_0-(-(**lon**^{o}+**lon'**/60+**lon''** /3600)/15)-($\alpha_{2000.0}$/15))*15)/360)-truncar(((θ_0-(-(**lon**^{o}+**lon'**/60 +**lon''**/3600)/15)-($\alpha_{2000.0}$/15))*15)/360)))

siendo **lon^o**, **lon'** y **lon''** los grados, minutos y segundos, respectivamente, de la longitud geográfica del lugar de observación; y

$\boldsymbol{\alpha_{2000.0}}$ la ascensión recta aparente del Sol expresada en grados. Ahora podemos calcular por fin el *acimut* (**A**) y la *altura* (**h**) *aparentes* del Sol:

[**A**]=grados(atan2(cos(radianes(**H**))*seno(radianes(**lat°**+**lat'**/60+ **lat"**/3600))-tan(radianes($\boldsymbol{\delta_{2000.0}}$))*cos(radianes(**lat°**+**lat'**/60+ **lat"**/3600));seno(radianes(**H**))))

[**h**]=grados(aseno(seno(radianes(**lat°**+**lat'**/60+**lat"**/3600))*seno (radianes($\boldsymbol{\delta_{2000.0}}$))+cos(radianes(**lat°**+**lat'**/60+**lat"**/3600)) *cos(radianes($\boldsymbol{\delta_{2000.0}}$))*cos(radianes(**H**))))

donde **lat°**, **lat'** y **lat"** son los grados, minutos y segundos, respectivamente, de la latitud geográfica del lugar de observación. Un valor más preciso, sobre todo si **h** es pequeña, puede obtenerse teniendo en cuenta la refracción atmosférica. Para ello es necesario medir la *temperatura media* (**t**) y *la presión atmosférica media* (**P**) del lugar de observación, expresadas respectivamente en grados centígrados y en milibares. La *altura aparente corregida* para este factor (**h$_R$**) es:

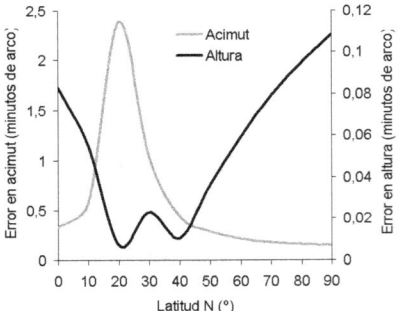

Fig. 3. *Efecto de la latitud geográfica en el error en altura y acimut de las coordenadas solares calculadas por el algoritmo.*

[**h$_R$**]=0,0019279+**h**+1,02/tan(radianes(**h**+10,3/**h**+5,11))*(**P**/1010) *(283/(273+**t**))

Por último, podemos expresar estas coordenadas en el formato habitual de grados, minutos y segundos (**A°**, **A'**, **A"**, **h$_R$°**, **h$_R$'** y **h$_R$"**):

[**A°**]=truncar(**A**)

$[\mathbf{A'}]=\text{truncar}((\mathbf{A}\text{-truncar}(\mathbf{A}))*60)$

$[\mathbf{A''}]=(((\mathbf{A}\text{-truncar}(\mathbf{A}))*60)\text{-truncar}((\mathbf{A}\text{-truncar}(\mathbf{A}))*60))*60$

$[\mathbf{h_R{}^0}]=\text{truncar}(\mathbf{h_R})$

$[\mathbf{h_R'}]=\text{truncar}((\mathbf{h_R}\text{-truncar}(\mathbf{h_R}))*60)$

$[\mathbf{h_R''}]=(((\mathbf{h_R}\text{-truncar}(\mathbf{h_R}))*60)\text{-truncar}((\mathbf{h_R}\text{-truncar}(\mathbf{h_R}))*60))*60$

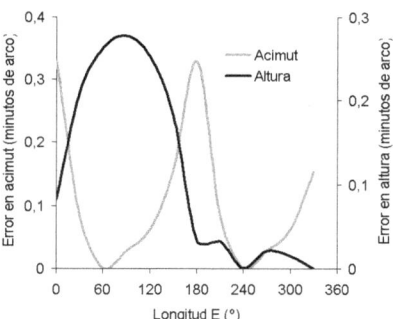

Fig. 4. *Efecto de la longitud geográfica en el error en altura y acimut de las coordenadas solares calculadas por el algoritmo.*

Para estimar el error de las coordenadas calculadas mediante esté método, hemos comparado diversos resultados del algoritmo con los proporcionados por el programa *Starry Night* ™. La comparación se ha efectuado con los valores no corregidos por refracción atmosférica, ya que la fórmula de corrección no funciona bien para alturas negativas. Se observa un error acumulado en el acimut de unos 2' anuales (fig. 1), debido sobre todo a la precesión de los equinoccios, factor que no ha sido considerado en el algoritmo, pero que es fácilmente computable realizando las correspondientes correcciones en las coordenadas ecuatoriales. El error en altura también aumenta correlativamente, si bien se mantiene por debajo de los 30" de arco en el periodo estudiado. Con respecto a la hora (fig. 2), se observa un máximo error en altura entorno a las 6:00 h TU, y en acimut sobre las 12:00 h TU, si bien en ambos casos se trata de errores de menos de 0,5'. En cuanto a la latitud del lugar de observación (fig. 3), los máximos errores en altura, si bien despreciables, se producen en las latitudes extremas de 0° y 90° N. El

máximo error en acimut se produce en el Trópico de Cáncer (23,5°
N), donde se da una diferencia de 2,4' entre el resultado de nuestro
algoritmo y el calculado por el programa *Starry Night* ™. Finalmente, las diferentes longitudes geográficas provocan pequeños
errores de menos de 0,5' (fig. 4), que alcanzan su máximo a los 90°
E para el caso de la altura (0,28') y a los 180° E para el caso del
acimut (0,33'). En definitiva, se trata de un método bastante sencillo, en especial si lo comparamos con el algoritmo completo
VSOP87 de más de 200 términos, usado por los astrónomos profesionales (e incluido en programas como Celestia ™), que genera
coordenadas con un error máximo acumulado de 1" entre el año
2000 a.C. y el 6000 d.C. A pesar de ello, nuestro algoritmo proporciona resultados muy satisfactorios a corto y medio plazo, con errores intraanuales de alrededor de 1', que son perfectamente obvia-
bles para la mayoría de las aplicaciones prácticas. Las fórmulas
pueden ser fácilmente adaptadas a cualquier lenguaje de programación. Proporcionando como entrada la fecha y la hora internas
de un reloj digital o un ordenador, y las coordenadas de un receptor GPS, el sistema puede automatizarse completamente.

13. La Luna y la vida sobre la Tierra

Un argumento frecuente en astrología (tan recurrido como falso) es el de relacionar la actividad gravitatoria lunar sobre las masas de agua terrestres (también actúa en la litosfera, frenando suavemente el movimiento de rotación), causa de las mareas, con un posible efecto similar en los organismos, en concreto sobre el hombre, que poseen un alto contenido en agua. Pero los astrólogos suelen olvidar el numerador de la fórmula de la gravedad de Newton, que nos indica que esta actividad gravitatoria depende de las masas de los cuerpos que se atraen. A pesar de la gran distancia, y de que la fuerza gravitatoria disminuye en razón inversa al cuadrado de ésta, la masa de la hidrosfera terrestre es suficiente para que advirtamos macroscópicamente los efectos de nuestro satélite en ella, con elevaciones y descensos diarios en el nivel del mar. Pero también vemos que en masas pequeñas de agua, como el Mar Mediterráneo, este efecto es muy reducido, y es insignificante incluso en grandes lagos: ¿cuán menor será el efecto sobre los escasos cincuenta litros que puede portar un ser humano?.

Supongamos que la fuerza gravitatoria es la única que, por actuar a grandes distancias, sería candidata a poder "transmitir" las supuestas influencias de los astros sobre nuestras vidas. La fuerza gravitatoria de cualquier otra persona u objeto cercanos es mucho más importante en estos términos que la de la Luna. No existen pruebas contrastadas que indiquen que la Luna influya en algún aspecto de la vida del hombre. La afirmación de que se verifican más nacimientos naturales (partos no forzados) durante periodos de Luna llena es, sencillamente, falsa. Ningún estudio hasta la fecha ha podido demostrarlo, y los tests estadísticos al respecto, cuando son realmente insesgados, han dado sistemáticamente resultados negativos (Toharia, 1992).

No obstante, sí es cierto que la Luna influye en determinados fenómenos biológicos patentes en una amplia diversidad de organismos, pero obviamente no mediante sus efectos gravitatorios (salvo, indirectamente, por las mareas), sino a través de la luz solar que es capaz en cada momento de reflejar hacia la superficie terrestre. Los efectos mejor conocidos son los que afectan a los ciclos biológicos de animales y plantas. Es importante saber que la intensidad de la luz de la Luna llena (unos 0,005 Wm^{-2}) puede teóricamente tener actividad fotoperiódica (Strasburger et al., 1994), es decir, capacidad de regular los ciclos biológicos de las plantas, desencadenando determinados procesos fisiológicos. Espectralmente, la composición de la luz lunar es semejante a la solar, pero su irradiación es un millón de veces menor. De cualquier forma, los niveles máximos de la luz de la Luna no bastan para inducir procesos como el florecimiento en mitad de un período de obscuridad (aun cuando la sensibilidad a la luz aumenta en este momento en un orden de magnitud en comparación con la presencia de luz) además, la Luna se encuentra baja en latitudes templadas, por lo que sus rayos no inciden en las plantas desde arriba, sino en un ángulo bajo. Aún así, algunos experimentos han demostrado una ligera respuesta fotoperiódica la luz lunar. Aunque son muchos los ciclos de marea (por ejemplo, la diatomea *Hantzschia virgata*, que migra fuera de la arena en marea baja, cada 24,8 h) y semilunares (por ejemplo, el apareamiento cada 14,8 días del gusano Eunice, justo cada luna nueva) conocidos, los ciclos lunares verdaderos son raros, conociéndose sólo en algunas especies de zooplancton (Salisbury & Ross, 1994). Mención aparte merece el ciclo menstrual de las hembras humanas, regulado hormonalmente, con un período algo inferior al mes lunar, y que probablemente nada tenga que ver con éste.

El efecto de las mareas es clave en el desarrollo de muchos organismos. No obstante, hay que tener en cuenta que la marea se retrasa varias horas respecto al paso de la luna, y que hay efectos concernientes a la forma de la costa, la configuración del fondo marino, el viento, la presión atmosférica, las órbitas elípticas de la Luna y la Tierra, etc. Esto hace que las mareas reales varíen mucho de un lugar a otro. En cualquier caso, según la localización, los organismos que viven en la zona de marea están expuestos a cambios diarios en el nivel de agua, cambios que se superponen al ciclo lunar de las mareas vivas y muertas. Si los organismos tienen ciclos adaptados a estas mareas, es esperable que posean períodos de 12,4 h; 24,8 h; 14,8 días o incluso 29,6 días.

Independientemente o no de las mareas, estos casos están ampliamente repartidos en el espectro de los seres vivos. Algunos insectos salen y se aparean en grandes números poco después de la luna llena, y ciertos organismos marinos salen en masa o desovan al mismo tiempo (por ejemplo, la espectacular liberación de larvas en los arrecifes coralinos durante las noches de luna llena), pero también se tiene el caso de una caída rítmica en la población de zooplancton con la luna llena en la reserva Cahora Bassaz, en Mozambique, que fue causada por peces que se alimentan cuando no hay una intensa luz lunar. En cierto fitoplancton que migra fuera de la arena cuando la marea está baja, los ritmos de marea han resultado ser ritmos circadianos acoplados a las mareas por la luz que penetra en el agua revuelta, sin embargo, hay ejemplos (en especial entre invertebrados) de organismos que siguen los ritmos de marea de la costa donde fueron colectados una vez que son llevados al laboratorio y que se los mantiene en condiciones constantes. Respecto a los mencionados ritmos semilunares, destaca el caso de la lisa californiana (*Leurethes tenuis*), pequeño pez que vive mar adentro en las costas del sur de California, EE.UU., deposita sus huevos de fines de Febrero a principios de Septiembre, durante tres a cuatro noches, con luna nueva y luna llena (mareas de primavera) y mientras las mareas descienden. Las hembras dejan sus huevos en la arena, donde son fertilizados por los machos y permanecen hasta la siguiente marea de primavera. Si la sincronización no fuese correcta, los huevos serían arrastrados de la arena y no sobrevivirían (Salisbury & Ross, op. cit.). El profesor Margalef (1980) recoge el dato de hallazgos de máximos en las concentraciones de tiroxina coincidentes con el novilunio, preparatorios para el descenso fluvial en truchas y salmones. La Luna también parece influir en migraciones verticales lacustres: los pescadores del lago Huron dicen capturar menos peces del género *Coregonus* las noches de luna llena.

Son algunos ejemplos de un proceso biológico no muy bien estudiado ni comprendido, y que sin duda requiere de una mayor labor experimental por parte de la comunidad científica.

Referencias:

Margalef, R. 1980. Limnología. Omega. Barcelona. 1010 pp.

Salisbury, F. B. & Ross, C. W. 1994. Fisiología Vegetal. Grupo Editorial Iberoamérica. México D.F. 759 pp.

Strasburger, E.; Noll, F.; Schenck, H. & Schimper, A. F. W. 1994. Tratado de Botánica. Omega. Barcelona. 1068 pp.

Toharia, M. 1992. Astrología. ¿Ciencia o Creencia?. McGraw-Hill. Madrid. 204 pp.

Explicar Astronomía de posición sería mucho más sencillo si todas las líneas y puntos de referencia que se utilizan estuvieran realmente dibujados en el cielo. Cuánto más fácil sería ubicar un planeta o saber la hora si, al tornar la vista hacia el firmamento, viéramos allí una fina línea blanca etiquetada "ecuador" y otra oblicua (y punteada para su mejor discriminación) con el nombre de "eclíptica", que cruza a la anterior en un punto con el cartel de "equinoccio", etc. Veríamos así inmediatamente que existen dos "familias" de referencias. Unas son *fijas*, "soldadas" a la bóveda celeste y que por tanto se mueven solidariamente con ella (como las dos líneas mencionadas) de forma que todo el mundo, con independencia de su ubicación, las ve siempre en la misma posición respecto a las estrellas. Por ejemplo, el equinoccio sale, culmina y se pone todos los días, como si fuera una estrella más. Otra clase de referencias son las *locales*, y cada observador tiene las suyas propias de forma personal e intransferible. Un ejemplo de referencia local es el *cenit*, el punto más alto del cielo, justo sobre nuestra cabeza. Es evidente que un observador en España y otro en Japón tienen diferentes cenits, pero esto es también cierto para dos españoles por muy indecorosamente próximos que estén entre sí, si bien en este caso a efectos prácticos es mejor hacer la "vista gorda" y considerar que nuestro cenit, en un radio de unos cuantos cientos de metros, es común. La *meridiana*, que es la línea que une los puntos cardinales S y N es, precisamente por pasar también por nuestro cenit, una referencia local. Esto significa que está fija respecto a cada uno de nosotros y los astros la atraviesan paulatinamente en su movimiento aparente diario. Al desplazarnos geográficamente arrastramos estas referencias con nosotros, de forma que también se modifica su posición con respecto a las estrellas.

Pero no desesperemos, hay una línea que sí está pintada en el cielo –o, por lo menos, insinuada. Es el *horizonte*, intuitivamente conocido por todos pero cuya definición formal no es inmediata. De hecho, mejor hablaríamos de horizontes, pues existen varios, como veremos. Una primera aproximación sería la propuesta de la

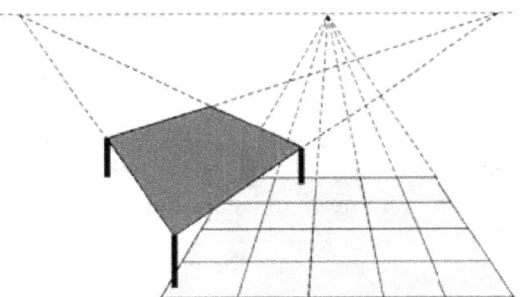

Fig. 1. *Las líneas de fuga trazadas por los bordes de una mesa y las baldosas convergen en el horizonte en los puntos de fuga.*

Real Academia al definir "horizonte" como "límite visual de la superficie terrestre, donde parecen juntarse el cielo y la tierra". El horizonte sería por tanto una tortuosa línea que dibujan los objetos lejanos (montañas, árboles, edificios) al recortar su silueta contra el cielo. Éste es el *horizonte real* o *sensible*. Esta línea queda, no obstante, desdibujada en muchas ocasiones tras la puesta de Sol, o bajo determinadas condiciones meteorológicas. Es más, cabría preguntarse si dentro de un recinto cerrado, desde el que no vemos ni "cielo" ni "tierra", sigue habiendo horizonte. La respuesta es que sí, y para revelar su posición hemos de fijarnos en las direcciones que trazan las líneas paralelas que vemos, por ejemplo, en los bordes de una mesa rectangular o en las baldosas del suelo (fig. 1), suponiendo éstas igualmente rectangulares y dispuestas regularmente. Vistos en perspectiva, las direcciones de las rectas paralelas convergen en los llamados *puntos de fuga* que se presentan alineados precisamente en el horizonte. Podemos usar este método al aire libre, prolongando imaginariamente (o sobre una fotografía) varias líneas rectas paralelas entre sí y perpendiculares a la vertical. Los bordes de muchos edificios –suponiendo un arquitecto mínimamente competente- servirán para este propósito (fig. 2). Éste horizonte se denomina *horizonte aparente*, y descubriremos

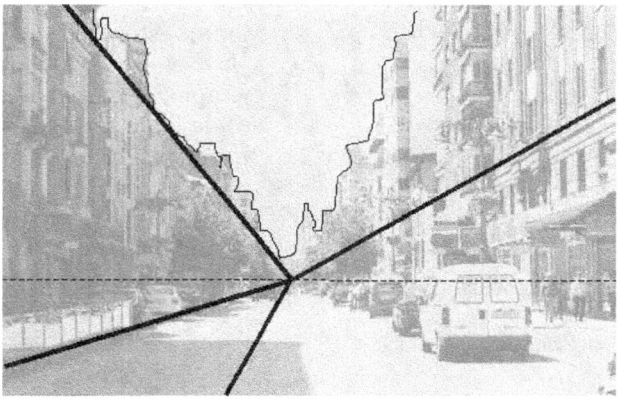

Fig. 2. *Líneas de fuga (trazo grueso), horizonte real (trazo fino) y horizonte aparente (trazo discontínuo) en una perspectiva de una calle.*

que en muy raras ocasiones coincide con el real, quedando éste por encima o por debajo de aquél, más allá de las desigualdades debidas a los accidentes del relieve.

Simplifiquemos la situación suponiendo que estamos en una superficie completamente llana en todas direcciones; por ejemplo en medio de un océano en calma. El horizonte que vemos en esa situación se denomina *horizonte geométrico*, y podríamos suponer que bajo tales circunstancias sí coincide con el aparente. Esto sería así si la Tierra fuera una superficie plana e infinita, pero como quiera que, según los últimos descubrimientos, es más bien redonda, el horizonte geométrico -desde cualquier mundo esférico- está siempre por debajo del aparente[1]. El ángulo existente entre ambos se denomina divergencia o depresión del horizonte y es tanto mayor cuanto a) mayor sea la altura desde la que observamos el horizonte, y b) menor sea el tamaño el tamaño del "planeta" en que nos situamos[2]. En un capítulo anterior ya hablábamos de este ángulo, cuyo coseno es igual al cociente **R/R+h**, siendo **R** el radio del planeta en cuestión y h la altitud (sobre este radio)[3]. A 5 m sobre el nivel del mar (por ejemplo, a bordo de un barco), la divergencia es de unos 4', y el radio de visión es de 8 km. A 50 m de altitud, el horizonte está ya a 26 km de distancia. Desde la altitud media de España, la divergencia es de casi 1°, es decir, si pudiéramos ver desde cualquier parte el horizonte marino éste se situaría 1° por debajo del aparente. Un satélite situado a 4000 km de altitud cubre un área de casi

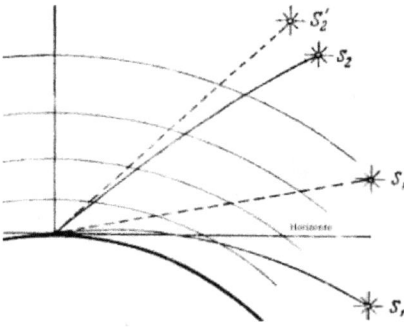

Fig. 3. *Posiciónes verdaderas (**S1**, **S2**) y aparentes (**S'1**, **S'2**) de dos astros debido al efecto de la refracción atmosférica. Obsérvese que S1, para el que el efecto es más acusado, es visible a pesar de que está bajo el horizonte. De Perelman, Y (1958) "Astronomía recreativa". FLPH, Moscú.*

---

[1] Debido a la curvatura de la Tierra, en un barco que se aleja desaparece primero el casco y posteriormente el velamen. Igualmente, de un faro alejado sólo veremos el extremo superior. De ahí la costumbre de pintar estas estructuras con bandas de color horizontales separadas regularmente. Un navegante provisto de un catalejo puede calcular qué porción del faro está "hundida" bajo el horizonte (**m**, expresado en metros) y estimar así a qué distancia está del mismo (**K**, en kilómetros) aplicando una sencilla fórmula: **m** = 0,0714 **K**[2].

[2] Si tenemos en cuenta el achatamiento del globo terrestre, la divergencia es ligeramente menor en las regiones polares.

[3] Curiosamente, esta fórmula proporciona un método sencillo para calcular el tamaño de la Tierra. Que yo sepa, nunca se utilizó históricamente para tal fin.

5.800 km de radio[1]. Lo interesante de esta fórmula es que sigue siendo válida incluso en situaciones extremas. Por ejemplo: ¿cuán deprimido estará el horizonte observado desde una altura igual a la distancia a la Luna? Imaginemos que subimos a una montaña invisible de 385.000 km de alto. Obviamente desde allí veríamos prácticamente completos los dos hemisferios de la bóveda celeste excepto lo tapado por una pequeña canica azulada a nuestros pies (nuestro planeta), que desde allí tiene un diámetro aparente aproximado de 2º. Pues bien, aplicando la ecuación anterior, obtenemos que en esa situación el horizonte geométrico está unos 89º por debajo del visual. ¡El grado que falta para el ángulo recto es precisamente el radio aparente de la Tierra!

El asunto se complica ligeramente si tenemos en cuenta que los rayos lumínicos, al propagarse a través de medios de diferente densidad, sufren un fenómeno físico llamado refracción (fig. 3) por el cual su trayectoria se desvía, tanto más cuanto mayor sea la diferencia de densidad entre los medios[2]. Ya que la densidad atmosfé-

---

[1] Así se entiende que, en teoría, por mucho que nos alejemos es imposible contemplar un hemisferio completo de un astro, o que una fuente puntual de luz ilumine un hemisferio completo de una esfera.

[2] Dicho sea de paso, y a pesar de lo que se afirma en algunos tratados sobre el asunto, la refracción atmosférica no tiene nada que ver con el llamado *espejismo lunar* o *solar*, ilusión óptica que nos hace ver estos astros hasta un 30% mayores cuando están cerca del horizonte, fenómeno del que hablamos en otro capítulo de este libro. Los rayos lunares reflejados por el satélite se propagan por el medio interplanetario, prácticamente vacío, y por lo tanto sin densidad, no sufriendo ningún tipo de refracción. Al llegar a las capas altas de la atmósfera, de baja densidad, sufren un ligero desvío hacia "abajo", adentrándose cada vez más en las capas bajas de aire, más densas, que desvían más los rayos, etc. Imaginemos ahora la Luna saliendo, justo sobre el horizonte Este. El tamaño aparente del satélite es de aproximadamente medio grado, más o menos lo que ocupa el ancho de nuestro dedo meñique cuando lo vemos con el brazo extendido. Esto significa que existe un cierto ángulo entre el extremo superior de la Luna y el inferior del disco de la Luna. Los rayos que proceden del extremo inferior circulan por la baja atmósfera, sufriendo una desviación mucho más intensa que los que proceden del extremo superior, que se desplazan por capas de aire algo menos densas. Como consecuencia, la imagen de la Luna se

rica disminuye con la altitud, los rayos lumínicos que se adentran en ella no sufren un cambio brusco de dirección, sino que se van curvando progresivamente, tanto más cuanto más bajo penetran. Gracias a la refracción, a) podemos ver más allá del horizonte geométrico teórico; es decir, éste se "aleja" ligeramente y por tanto "asciende", acercándose al aparente[1]; y b) podemos ver astros que teóricamente están aún bajo el horizonte geométrico. En efecto, la refracción amplia la bóveda celeste observable –el llamado *hemisferio visible*- en aproximadamente 34'. Desde nuestra latitud, los astros emplean unos 2,7 minutos en recorrer ese medio grado adicional al salir y al ponerse, lo que hace, por ejemplo, que aquí el

---

deforma en sentido vertical, confiriendo al satélite el aspecto típicamente achatado que vemos cuando sale o se pone. Pero pensemos en los rayos que proceden de los extremos este y oeste de la Luna: ¿hay alguna diferencia de densidad en las capas de aire que atraviesan? No, porque están a la misma altura del horizonte, por lo tanto no hay efecto de refracción posible, ya que éste sólo se produce al "cambiar" la densidad del medio, no importa el "valor absoluto" de la densidad del medio atravesado. De ello se deduce que la imagen de la Luna saliendo o poniéndose no está deformada (ni aumentada ni disminuida) en sentido horizontal. Por lo tanto no es cierto que la refracción atmosférica sea la causante de este efecto. Es más, precisamente por este fenómeno habríamos de ver los astros achatados, es decir, más pequeños, y no más grandes, en el horizonte.

No obstante, el tamaño aparente de la Luna si varía a medida que gana altura, aunque de forma probablemente imperceptible a simple vista. En primer lugar, la Luna en el horizonte está más lejos de nuestra posición local, y por lo tanto es hasta un 1,6 % más pequeña, dependiendo de la latitud (no olvidemos que la Luna gira aparentemente alrededor del centro de la Tierra, no alrededor de nuestra cabeza). En segundo lugar, puede suceder que el orto o el ocaso lunares coincidan con su paso por un ápside orbital, de forma que esté a una distancia extrema de nuestro planeta. En el tiempo en que tarda en culminar (6 h 10 m) ha pasado un 0,9 % del mes anomalístico, habiéndose acercado o alejado unos 400 km. Esto equivale a verla un 0,1 % más grande o más pequeña, valor a añadir o sustraer, respectivamente, al efecto anteriormente comentado.

[1] Dicho de otro modo, la divergencia es un séptimo más pequeña de lo que sería si careciésemos de atmósfera. El horizonte geométrico, una vez corregida la refracción, se denomina *horizonte físico* u *óptico*.

periodo diurno sea 5 minutos más largo de lo que sería si careciésemos de aire[1]. Pero este fenómeno afecta de forma desigual a las diferentes longitudes de onda; curvando más a los rayos azules que a los rojos, en consecuencia las imágenes de alta resolución del Sol y la Luna saliendo o poniéndose tienen un aspecto "disperso" y difuminado[2]. La refracción también aumenta con el frío y al subir la presión atmosférica; y en la medida en que estos factores resultan impredecibles a largo plazo también lo serán las horas exactas de orto y ocaso que se ofrecen en los almanaques para diferentes astros. Además, la turbulencia atmosférica crea rápidos y continuos cambios de presión, alterando en consecuencia la altura de las estrellas muy bajas que están permanentemente "saltando" en la imagen telescópica: es el llamado "*seeing* deficiente".

Es necesario señalar que, en Astronomía, el orto y el ocaso de un astro son los instantes en que atraviesan el horizonte aparente. Por alguna razón, para objetos extensos –como el

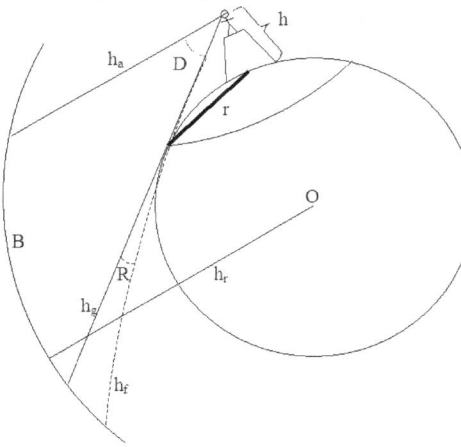

Fig. 4. O: *Centro de la Tierra.* **h**: *altitud.* **r**: *radio de visibilidad.* **B**: *bóveda celeste.* **D**: *divergencia.* **R**: *refracción atmosférica.* **ha**: *horizonte aparente.* **hg**: *horizonte geométrico.* **hf**: *horizonte físico.* **hr**: *horizonte racional.*

[1] El efecto de la refracción disminuye rápidamente con la altitud, siendo de 29' a 0,5º -por ello el achatamiento de los discos lunar y solar, que tienen precisamente unos 0,5º de diámetro aparente, es de 29'/34' = 15%. A 45º de altura es de sólo 1', y evidentemente es nulo en el cenit.

[2] Los *rayos verdes* y *azules* que ocasionalmente se observan en el borde superior del disco solar a la salida y puesta de Sol se deben también a este fenómeno. También está implicado en la existencia de crepúsculos en nuestro planeta.

Sol o la Luna- se considera que este momento acontece cuando el *limbo* del disco aparente -no su centro geométrico- "toca" este horizonte. Por ello, en realidad, los anuarios de efemérides proporcionan como "orto" el momento en que este centro está a −50' de altura (los 34' de la refracción más los 16' del radio aparente). Sin embargo, generalmente nos interesa más el orto o el ocaso referidos al horizonte real. De forma aproximada, para nuestra península el retraso en segundos (**t**) en la salida -o el adelanto en la puesta- de un astro debido a la orografía del terreno viene dado por la fórmula: $t = 19\,h\,/\,D$, donde **h** es la altitud en metros del relieve en cuestión y **D** la distancia en kilómetros que nos separa de él[1].

Añadamos, para los puristas, que la curvatura del espacio-tiempo generada por la masa de nuestro planeta también altera la dirección de los rayos lumínicos cercanos al horizonte... alrededor de tres millonésimas de segundo de arco.

Como todo el mundo sabe, la altura de un astro es su distancia angular al horizonte. Pero ¿a cuál de los cuatro que hemos visto? A pesar de que, como vemos, no es cuestión baladí, es difícil encontrar cuál es el horizonte de referencia en muchos libros y tablas de efemérides. En realidad, por razones de simplicidad las alturas se suelen tomar sobre un quinto horizonte llamado *horizonte racional*, que es un plano que, paralelo al horizonte aparente, pasa por el centro de la Tierra. Es el único que, proyectado en la bóveda celeste, dibuja en ella un círculo máximo[2], pero, en contra de lo que sugiere la figura 4, en realidad la diferencia entre los horizontes aparente y racional es despreciable, habida cuenta de la distancia − virtualmente infinita- que nos separa de la bóveda celeste. Así definida, hablamos de *altura verdadera*, por contraposición a la *altura aparente*, que tiene en cuenta la refracción atmosférica. Debido a la depresión del horizonte, podemos ver en teoría astros con alturas negativas.

---

[1] Alternativamente, conociendo este retraso podemos calcular la altitud de (o la distancia a) un determinado accidente geográfico.

[2] Los círculos paralelos a este, lógicamente concéntricos con el cenit y el nadir, se llaman *almicantaradas* o *almicantarates*.

De gran importancia resulta también en Astronomía otro fenómeno que acontece principalmente en el horizonte, llamado *extinción atmosférica*. El aire, lejos de ser un fluido totalmente transparente, es una mezcla de varios gases, cada uno de ellos con una determinada capacidad de absorber ciertas longitudes de onda de la radiación lumínica procedente de los astros, y además contiene en suspensión toneladas de partículas de diverso tamaño y naturaleza que dispersan una parte importante de esta luz. Como el espesor de las capas atmosféricas es 39 veces mayor en el horizonte que en el cenit, la extinción lumínica afecta especialmente a los

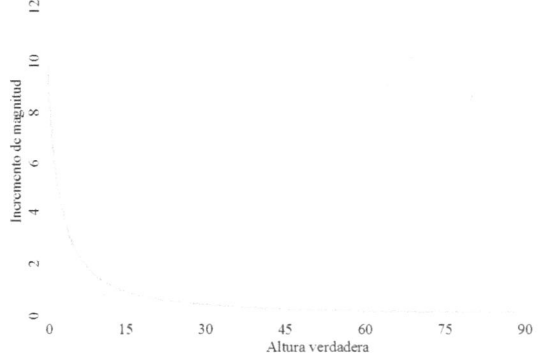

Fig. 5. *Relación entre la altura y la extinción atmosférica.*

astros a baja altura, aumentando su magnitud -hasta hacerlos en ocasiones invisibles- y alterando su espectro característico. La luminosidad del Sol al ponerse es más de 23.000 veces inferior a cuando está alto en el cielo; y de hecho resulta observable durante un rato sin protección alguna. La figura 5 muestra el aumento de magnitud que sufre un astro al perder altura. Incluso Sirio, la estrella más brillante, desaparece a simple vista a menos de 2° de altura. Obsérvese que incluso en el cenit existe cierta extinción lumínica: si pudiéramos observar las estrellas desde el espacio exterior, todas perderían automáticamente 0,25 magnitudes como mínimo.

Con todos estos datos podemos plantear un problema interesante: ¿cuál es la estrella más austral que podemos ver desde la

España peninsular? A 40º de latitud, el punto más alto del ecuador celeste se sitúa a 50º de altura. Esto significa que podemos ver los 50 primeros grados del hemisferio Sur celeste, es decir, una estrella con una declinación de hasta 50º S sería observable en su culminación superior durante unos instantes en el horizonte, justo sobre el punto cardinal Sur. Facilitemos las cosas y subamos a una de nuestras majestuosas montañas –pongamos a 2000 m- para ganar la máxima divergencia. Desde allí se consigue, sumando depresión del horizonte y refracción, más de un grado y medio extra, llegando casi al paralelo celeste 52º S. No obstante recordemos que, a simple vista, como hemos deducido, ninguna estrella es observable a menos de 2º de altura. ¿Hay alguna estrella cerca de los 50º S lo suficientemente brillante como para, tras restarle la extinción atmosférica que corresponde a su máxima altura, siga siendo visible? Sargas (θ Sco), que está a casi −43º S, tiene una magnitud aparente de 1,86, y puede alcanzar los 5º de altura sobre el horizonte racional, ganando allí 3 magnitudes más y poniéndose en 4,86; por lo que posiblemente sea la estrella más al Sur que podemos contemplar a simple vista. Pero ¿y si contamos con un buen telescopio? Por ejemplo, un buen telescopio de aficionado puede llegar a tener una magnitud límite teórica de unas 15 unidades, lo que significa que podríamos ver estrellas de hasta magnitud 4 en el mismísimo horizonte aparente o un poco más abajo. Daremos tres ejemplos de astros potencialmente observables en estas condiciones extremas: δ Phe, con 3,93 de magnitud, llega a estar 1º por debajo del horizonte aparente, es decir, en el espacio adicional que nos permite la divergencia. μ Vel y α Ara, que tiene unas magnitudes de 2,69 y 2,84, estarían ya en el mismísimo borde del horizonte físico. Si alguien las observa alguna vez desde nuestras tierras, que sepa que está estableciendo un récord.

15. ASIMOV, ASTRÓNOMO

El día 6 de abril se celebra el aniversario del fallecimiento en Nueva York del célebre escritor estadounidense de origen ruso Isaac Asimov (1920 – 1992). Desde hace varias décadas se han reconocido internacionalmente las aportaciones del "Buen Doctor" (así se le conocía) en la literatura y en la divulgación científica. Aunque era doctor en Bioquímica, pronto dejó la docencia universitaria para dedicarse de lleno en lo que sería su gran pasión: escribir. A lo largo de su carrera publicó más de 400 libros sobre la temática más variada, sin contar los innumerables artículos, ensayos, cuentos, etc. que hacen de Asimov uno de los autores más prolíficos del siglo XX. Se ha dicho que elevó la Ciencia-Ficción a la categoría de género literario, comparándosele con Julio Verne o H.G. Wells. Los prestigiosos premios Hugo y Nebula han recaído frecuentemente sobre sus obras. La famosa saga *La Fundación*, que abarca una serie de novelas y relatos escritos a lo largo de más de 40 años, ha sido considerada como la mejor serie de Ciencia-Ficción de todos los tiempos. En las novelas sobre robots acuña las famosas "tres leyes de la robótica" que tanto han influido en el posterior desarrollo del género. Asimov cultivó también otros géneros, como la novela de misterio e incluso la poesía.

A partir de los años 60 Asimov comenzó a volcarse de lleno en el mundo de la divulgación científica. Puede decirse que escribió con maestría sobre casi todo. Su inagotable interés y sus conocimientos enciclopédicos abarcaban desde la literatura clásica a la física teórica, pasando por las matemáticas, la biología, la historia o los estudios bíblicos. Especialmente destacables son su *Enciclope-*

dia de la Historia (Alianza), de 14 volúmenes, o la notable *Nueva Guía de la Ciencia* (P & J), probablemente la mejor obra de divulgación científica jamás escrita. También es necesario mencionar los cuatro volúmenes de su *Enciclopedia Biográfica de Ciencia y Tecnología* (Alianza) o las colecciones de ensayos divulgativos como *La mente errabunda* (Alianza), donde aprovecha para exponer su punto de vista escéptico y humanista sobre temas tan diversos como la educación, la política científica, los problemas ecológicos o el auge de las pseudociencias. De hecho, era el presidente de la Asociación Humanista Americana y miembro destacado del Comité para la Investigación Científica de las Afirmaciones sobre lo Paranormal, junto con otros destacados divulgadores como Carl Sagan, Martin Gardner o Stephen Jay Gould.

Isaac Asimov sentía una especial predilección por la divulgación de la Astronomía. A pesar de haber sido totalmente autodidacta en la materia, sus escritos consiguen exponer con claridad y amenidad todos los conocimientos astronómicos del mundo moderno. Las obras sobre Astronomía de Asimov son responsables de haber despertado en muchas generaciones el interés y la afición por esta Ciencia. Su inconfundible estilo, combinando rigor y amenidad, permiten al lector no solo comprender los conceptos científicos, sino también disfrutar del aprendizaje. Pocos autores han sabido transmitir con tanto entusiasmo su pasión y amor por la Astronomía. Leer a Asimov no sólo es aprender qué es un pársec o cuántas lunas tiene Marte; es adentrarse en un agujero negro, viajar entre los anillos de Saturno o ser testigos del Big Bang.

El catálogo de libros de Asimov sobre Astronomía cuenta con unas 70 obras, 30 de las cuales se han publicado en castellano. La primera de ellas, *El Universo. De la Tierra Plana a los Quasar* (Alianza) es posiblemente la más conocida y también la mejor. Se trata de una obra de referencia básica para adentrarse en el mundo de la Astronomía general y en la historia de la Astronomía, un libro que todo aficionado debería leer y consultar con frecuencia. Aunque se trata de un libro algo anticuado (1971), no hay nada que objetar en cuanto a su utilidad como libro introductorio destinado a un público general.

Existen varias obras en el catálogo asimoviano dedicadas a la historia de la Astronomía, tales como *Historia del Telescopio* (Alianza) o *¿Qué Sabían los Antiguos sobre los Astros?* (SM); en cualquier caso siempre es esperable por parte de Asimov un enfoque historicista a la hora de tratar temas científicos. Esto es especialmente evidente en la serie de libros dedicados a los planetas del Sistema Solar: *Marte, el Planeta Rojo* (Alianza), *De Saturno a Plutón* (Alianza), *Urano, el Planeta Inclinado* (SM), *Saturno, el Planeta de los Anillos* (SM), *Mercurio, el Planeta Veloz* (SM), *Júpiter, el Gigante entre los Gigantes* (SM), *Plutón, ¿un Planeta Doble?* (SM), *Neptuno, el Gigante más Lejano* (SM) y *Venus, el planeta inhóspito* (SM). Cada una de estas pequeñas obras propone un fascinante viaje hacia estos astros, repletas de datos curiosidades descubiertos a la luz de las misiones espaciales de las pasadas décadas.

La astrobiología también ocupa un lugar destacado dentro de esta colección de libros divulgativos". En "Civilizaciones Extraterrestres" (P & J) propone un repaso sistemático de la famosa ecuación de Sagan y Drake sobre las probabilidades de vida extraterrestre inteligente. Un enfoque similar adopta en "¿Hay Vida en Otros Planetas?" (SM). Asimov también escribió sobre cometas ("El Cometa Halley", P & J; "Cometas", Molino), agujeros negros ("Agujeros Negros", Molino) o prospectiva científica ("Las Amenazas de Nuestro Mundo", P & J). Un libro especialmente interesante es "Alpha Centauri, la Estrella más Próxima" (Alianza), donde el autor expone pormenorizadamente conceptos relativos a las distancias cósmicas y a la dinámica estelar.

Pero también podemos aprender Astronomía con los cientos de relatos y cuentos de ciencia-ficción que escribiera a lo largo de su dilatada carrera. La serie de novelas protagonizadas por *Lucky Starr* (Bruguera), escritas durante la década de los 50, son un fiel reflejo de los conocimientos científicos que se poseían en esa época, bastante más optimistas que los actuales en cuanto a las posibilidades de vida extraterrestre más allá de nuestra atmósfera. En este sentido, es admirable la capacidad del autor para utilizar la Ciencia en la elaboración de tramas y escenarios fantásticos pero dotados de una verosimilitud asombrosa.

Su forma de pensar queda condensada en este par de citas:

"La ciencia es cada día más importante en nuestra sociedad porque cada día hay más cosas que dependen de los avances científicos y esto hace que gran parte de la sociedad se encuentre perdida. No saben cómo funcionan las computadoras o qué hacen los robots, o no entienden el significado de los últimos avances científicos. Yo creo que es importante que lo sepan porque afecta a sus vidas y a la sociedad en que viven. Además, esos ciudadanos, con sus impuestos, son los que pagan el desarrollo científico y tienen derecho a saber que está pasando. Una forma de lograr esto es que aquel que pueda debe explicar a la gente la ciencia lo más clara y seriamente que sepa y una de las misiones que me he impuesto es la de servir de intermediario entre la ciencia y el sector no científico de la sociedad".

"Creo que es fascinante este proceso de ampliar el propio panorama, saber que hay una pequeña faceta extra del Universo en la que pensar, que se puede comprender. Creo yo que al llegar la hora de morir habría cierto placer en pensar que uno empleó bien su vida, que aprendió todo lo que pudo, que recogió todo lo que pudo del Universo y lo disfrutó. Sólo existe este Universo y esta vida para tratar de entender lo que nos rodea. Y aunque resulte inconcebible que alguien aprenda más que una pequeña fracción de todo este Universo, al menos hasta allí podemos llegar. Qué tragedia sería pasar la vida sin aprender nada o casi nada".

Aunque no es un tema estrictamente astronómico, este breve capítulo pretende comentar algunos aspectos de la cartografía de nuestro planeta que acostumbramos a manejar. No en vano, Astronomía y Geografía son dos Ciencias que se han desarrollado a la par, y por otra parte el conocimiento preciso que tenemos actualmente sobre la geografía terrestre se debe en gran medida a los avances en Cosmografía y Astronáutica.

Tras las demostraciones empíricas de los últimos siglos, parece claro que la Tierra es un planeta esférico, en realidad se trata de un *geoide* (un esferoide achatado por los polos debido a la fuerza centrífuga que provoca el movimiento de rotación). A pesar de estas y otras irregularidades, no se comete un error excesivo si convenimos en tratar a la Tierra como una esfera. La esfera forma parte de un conjunto de cuerpos geométricos que no son desarrollables en el plano, y ésta ha sido la gran complicación a la que se han enfrentado históricamente los cartógrafos. Por razones obvias, es mucho más práctico disponer de un mapa (o una serie de mapas) planos que recurrir a representaciones esféricas a escala. Uno de las técnicas para representar un cuerpo tridimensional en un plano es el procedimiento conocido como *proyección*. Por ejemplo, nuestra sombra en una pared es la proyección de nuestro cuerpo en una superficie. En una proyección se establece una correspondencia entre cada punto en el cuerpo proyectado y en la proyección. Las rectas que unen entre sí estos puntos convergen en otro punto llamado *foco*. En el ejemplo de la sombra; el foco es la fuente de luz. Las posiciones relativas del foco, el cuerpo proyectado y la superficie de proyección determinan la forma de la proyección y la manera en que ésta se ajusta a las proporciones del cuerpo proyectado.

La cartografía se basa en la proyección de la superficie terrestre en un plano o en un cuerpo desarrollable en un plano, tomando generalmente como foco el centro de la Tierra. Partiendo de esta

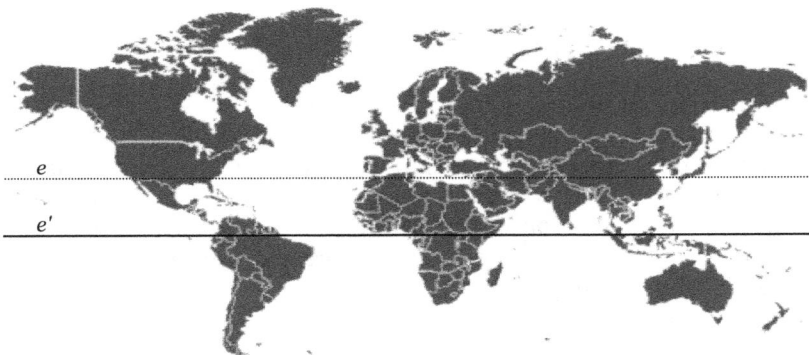

Fig. 1. *Representación convencional de la superficie terrestre. Proyección Mercator.*

base se han desarrollado multitud de métodos de proyección, algunos extremadamente complejos, que buscan la mayor fidelidad posible en la representación, según la escala necesaria. Sin embargo, los dos métodos más usuales son la proyección cilíndrica y la cónica que, como su nombre indica, utilizan como superficie de proyección la superficie de un cilindro y un cono, respectivamente, cuerpos que sí son desarrollables en el plano. La *proyección cónica* suele ser la empleada a la hora de representar regiones del planeta relativamente pequeñas, como países o regiones continentales. La *proyección cilíndrica* (en concreto la *proyección Mercator*), sin embargo, es habitual en representaciones de toda la superficie terrestre o "mapamundis". Si uno consulta un libro de texto cualquiera sobre geografía o historia es muy probable que encuentre varios mapamundis similares al representado en la figura 1. Por una serie de razones históricas ésta es la representación "convencional" de la Tierra, representación que se ha difundido y generalizado de tal forma en el mundo moderno que hoy todos la aceptamos como la correcta.

Si solicitamos a un escolar que trace el ecuador en este mapa probablemente trazaría una recta similar a la recta **e**, dado que, como todo el mundo sabe, el ecuador es una línea que equidista de ambos polos. En realidad, el ecuador en este mapa se corresponde con la recta **e'**, que pasa, como es bien sabido, por el país latinoamericano homónimo, por el Golfo de Guinea y por la isla de Borneo, es decir, ocuparía una posición próxima al Trópico de Capricornio respecto al falso ecuador **e**. Nótese, por cierto, la inmejorable posición geoestratégica en que se deja a Europa y en concreto a la Península Ibérica en este tipo de mapas: casi en el centro del mundo. Y es que, adicionalmente, los mapamundis suelen estar centrados en el meridiano de Greenwich, de forma que Europa quede igualmente bien situada en sentido este-oeste. No es raro, sin embargo, encontrar mapamundis editados en extremo oriente u Oceanía en los que el meridiano central es el 180°, de forma que en el centro del mapa aparece la gran extensión oceánica del Pacífico flanqueada a ambos lados por las masas continentales de América y

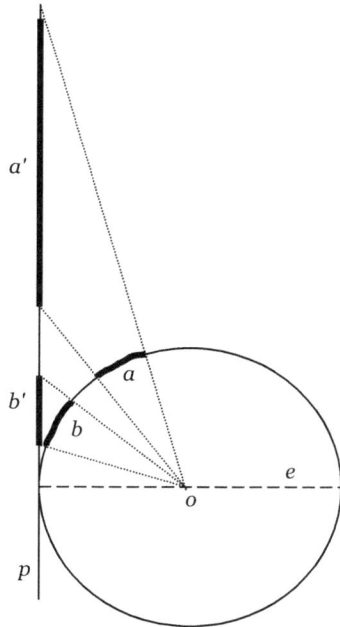

Fig. 2. *Proyección cilíndrica*

Eurasia y África. Otra de las características de este tipo de mapas es la exagerada proporción con la que representan las regiones norteñas. En efecto, al tratarse de una proyección sobre un cilindro tangente al ecuador, y debido a la curvatura de la Tierra, cuanto más alejada se encuentre la superficie de proyección respecto al cuerpo a proyectar (lo que ocurre para zonas de elevadas latitudes), tanto mayor será esta deformación.

En la analogía de la sombra sería equivalente a alejar de nosotros la pantalla de proyección: los objetos parecen mayores. En la figura 2 se representa la proyección de las regiones terrestres **a** y **b**, de igual área, sobre la superficie cilíndrica **p**. Debido a su mayor latitud, la región **a'** aparecerá mucho más grande (y deformada en sentido norte-sur) en el mapa que **b'**. Véase así el tamaño que ad-

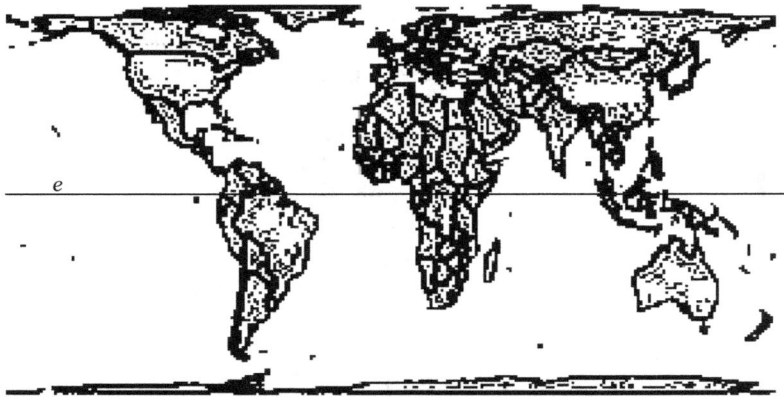

Fig. 3. Mapamundi. Proyección Peters

quieren los países septentrionales en el mapa de la figura 1. Alaska, Canadá, Escandinavia y Siberia aparecen mucho mayores, relativamente, que los que son en realidad. África es catorce veces mayor que Groenlandia, sin embargo parecen casi iguales en el mapa.

En este tipo de mapas se refuerza, consciente o inconscientemente, el peso político de los países del primer mundo sobre el resto, permitiendo que hayan sido criterios de índole política o ideológica los preponderantes a la hora de elaborar la cartografía de uso común en todo el mundo. No en vano, la proyección Mercator ha sido acusada de fomentar una visión colonialista del mundo. Debido a estos problemas, han ido surgiendo otros sistemas de proyección alternativos que, si bien son más complejos, pretenden reflejar de manera más fidedigna la realidad de la superficie terrestre. Uno de las más populares es la *proyección Peters*, creada por

Arno Peters en 1974[1]. La figura 3 representa un mapamundi realizado con este tipo de proyección. Este mapa, en principio tan extraño respecto a lo que estamos acostumbrados a ver, se ajusta más a la realidad en cuanto a la equivalencia de superficies. La proyección de Peters es una proyección *equiárea*, es decir, las superficies representadas en el mapa se corresponden de forma proporcional y constante con las superficies reales. Esto se consigue mediante un complejo conjunto de ecuaciones cuyo efecto final consiste básicamente en "estirar" longitudinalmente las regiones ecuatoriales y transversalmente las más septentrionales y meridionales. Esta distorsión en la forma es inevitable si se quiere conseguir la equivalencia de áreas. Además, el ecuador sí se corresponde con la línea central del mapa. Obsérvese en la figura 3 el inusual aspecto que adquieren regiones como África o América del Sur, que aparecen con sus proporciones equivalentes respecto de otras zonas como Europa o América del Norte. Esta representación nos permite comparar de manera directa la superficie de diferentes países y, en definitiva, hacernos una idea más exacta de la realidad de nuestro planeta. A pesar de haber recibido continuas críticas prácticamente desde su invención, lo cierto es que la proyección Peters es el sistema de proyección adoptado oficialmente por numerosas organizaciones de todo el mundo, sobre todo por aquellas interesadas en aspectos sociales o demográficos, que pretenden de huir del convencional "eurocentrismo" de la proyección Mercator. A lo largo del último siglo, no obstante, han surgido otras soluciones de compromiso entre la tendencia a deformar la forma (Peters) y la superficie (Mercator), como la *proyección Van der Grinten* o la *proyección Robinson*, que es, desde 1988, el sistema de proyección oficial de la Sociedad Geográfica Nacional de Estados Unidos.

Partiendo de la base de que no es posible una representación "exacta" de la superficie de la Tierra, lo cierto es que la proyección Mercator, si bien es útil en aplicaciones náuticas a pequeña escala (de hecho éste es su origen), no puede ser considerada por más tiempo como una representación adecuada para los mapamundis.

---

[1] Este sistema ya había sido creado por James Gall en 1855, sin embargo pasó desapercibido para la comunidad internacional hasta que fue "reinventado" por Peters.

A pesar de ello costará aún mucho tiempo desterrar este tipo de mapas del sistema educativo y, sobre todo, de nuestra visión tradicional del mundo.

17. CIFRAS ASTRONÓMICAS

Nada tiene que ver la teoría planetismal de la formación de la Tierra ni el efecto gravitatorio del resto del sistema solar con la rotación de nuestro planeta. Todos sabemos que es el dinero el que hace que el mundo gire, como rezaba la famosa canción de *Cabaret*. Es también responsable de las cosas que no giran con él, como los satélites geoestacionarios. De hecho, todo lo que hoy conocemos como carrera espacial hubiera quedado en un buen argumento de ciencia-ficción de no ser porque las personas y organizaciones que controlaron los grandes capitales del siglo veinte vieron en el espacio interesantes oportunidades de negocio.

Por otra parte resulta evidente que el progreso de la ciencia astronáutica se ha visto íntimamente asociada al explosivo desarrollo de la tecnología militar de las grandes superpotencias durante la interminable guerra fría. Durante décadas la investigación científica desde y en el espacio se ha subyugado a los intereses prioritarios de las fuerzas armadas en su intento de parcelar el cosmos y retroalimentar sus temores (¿o esperanzas?) sobre un holocausto nuclear. Sin ir más lejos, los primeros cohetes verdaderamente funcionales de Von Braun (los "V-2") fueron empleados por Hitler en el bombardeo de Londres. Todo parece indicar que la Guerra de las Galaxias volverá a lastrar nuestro acercamiento al origen del cosmos o el estudio de los agujeros negros.

Históricamente, la exploración del espacio ha sido financiada mayoritariamente por fondos públicos; debido en parte a que la envergadura de algunos proyectos aerospaciales no podía abarcarse de otra forma. Así, el proyecto *Apolo* (que ha sido, hasta la fecha, la empresa más costosa jamás realizada por la humanidad) fue posible gracias a un sustancioso aumento de los impuestos cobrados por la administración Kennedy durante la década de los 60. Las iniciativas privadas, sin embargo, se abren caminos cada vez más anchos en este terreno, especialmente en el campo de las telecomunicaciones y en el desarrollo de nuevos materiales. No cabe duda de gran parte del volumen de tráfico espacial en las próximas décadas estará en manos de empresas privadas, cuando no de particulares. En concreto, el mercado del turismo espacial se ve como una prometedora forma de subvención a proyectos científicos que de otra forma serían irrealizables. El famoso caso de Dennis Tito (aunque no pueda considerársele estrictamente como "turista espacial", ya que se trata de un ex-ingeniero aeronáutico de la NASA) se repetirá indudablemente con mayor frecuencia a partir de ahora. Sin embargo, pienso que la investigación básica del Cosmos ha de seguir siendo una iniciativa esencialmente pública, que implique a la mayor diversidad posible de sectores sociales y cuyos beneficios tecnológicos y culturales reviertan en el desarrollo de nuestra civilización.

Las tendencias socioeconómicas actuales permiten a naciones más modestas reivindicar su pequeña parcela en la investigación espacial. La Unión Europea y Japón llevan más de veinte años de lanzamientos exitosos, contribuyendo en cierta medida a evitar la endogamia en un terreno inicialmente destinado a las grandes superpotencias. China e India llevan años desarrollando tecnologías a tal efecto. Incluso España ha contribuido en importantes proyectos aeroespaciales, colaborando en el diseño de satélites y en el seguimiento de misiones espaciales. Esto es un gran paso para un país que hasta hace poco tenía limitada su carrera espacial al chupinazo de los sanfermines.

Dos han sido, sin embargo, las potencias pioneras en la exploración del espacio, al menos hasta el derrumbe del bloque soviético durante la pasada década. La visión popular en Occidente entiende que la carrera espacial estadounidense ha sido en todos los aspectos la triunfante en esta especie de competición maquillada de empresa científica, si bien los datos objetivos ponen en duda esta visión. Hemos de recordar que el primer satélite artificial, así como los primeros seres vivos lanzados con éxito al espacio fueron iniciativas soviéticas. También rusos fueron los primeros astronautas (cosmonautas) hombre y mujer; al igual que las primeras actividades extravehiculares. La U.R.S.S. fue pionera en la exploración del sistema solar mediante astronaves, responsabilizándose de la práctica totalidad de conocimientos disponibles en la época sobre Venus o la Luna. La exitosa serie de sondas y robots que desplegaron en nuestro satélite durante los 60 y 70 realizaron una colosal tarea de recopilación de datos científicos (incluyendo las primeras imágenes de su cara oculta) que ha sido injustamente olvidada.

Ante esta apabullante superioridad tecnológica, la NASA acertó en concentrar todos sus esfuerzos en un golpe de efecto que vio sus frutos a finales de la década de los 60, consiguiendo que los primeros humanos que pisaran otro mundo llevaran consigo la insignia estadounidense. La llegada del hombre a la Luna es, probablemente, el acontecimiento más importante del siglo XX, suponiendo la coronación victoriosa de años de desarrollo tecnológico y el inicio estricto de una nueva etapa en el desarrollo de la especie humana. Sin embargo, treinta años de historia nos permiten juzgar este acontecimiento con mayor frialdad. En el aspecto humano resultó una proeza espectacular, una auténtica hazaña que involucró a partes iguales un portentoso soporte tecnológico y un heroico protagonismo por parte de los tres norteamericanos. Pero no podemos decir que las aportaciones científicas de este viaje fueran decisivas para ayudarnos a comprender la naturaleza de nuestro satélite o incluso el desarrollo del ser humano en el espacio. El conjunto de actividades llevadas a cabo por la docena de hombres que han visitado este astro bien pudiera haberlas desarrollado un robot de forma más sencilla e infinitamente más económica. Por ello muchas personas se preguntan aún hoy en día si realmente fue necesaria esta empresa. La respuesta es un rotundo *sí*. El tremendo efecto psicológico que conllevó este acontecimiento demostró a la humanidad que no sólo es posible vivir en el espacio, sino que en esto consistirá nuestro futuro a no muy largo plazo. La Tierra ha servido de cuna para la humanidad, pero no puede mantenernos eternamente. Nuestro destino, cualquiera que éste sea, nos emplaza a abandonar el nido e iniciar la emocionante aventura de la conquista espacial. La Luna ha sido un primer paso, pero no podemos demorar más nuestro salto a las estrellas. Indudablemente el siguiente paso es Marte.

Todo esto nos lleva a replantear el famoso debate sobre la utilidad de la investigación espacial en vista del contraste entre sus elevados costes y la escasez de resultados prácticos. Los argumentos economicistas para limitar el estudio del cosmos irritan a muchos científicos. La demagogia más burda se limita a preguntar por qué hay que costear la curiosidad de los científicos en temas tan sutiles cuando cada día miles de niños mueren de hambre. Siguiendo este razonamiento, si queremos que desaparezca el hambre en el mundo hemos de detener el avance científico y tecnológico de la humanidad. ¿No sería mejor desviar a este efecto parte (o la totalidad) de los enormes presupuestos destinados por los gobiernos a armamento y campañas militares, que constituyen el primer mercado del planeta? ¿Por qué siempre son la ciencia, el arte y la cultura el primer recurso que recortan los gobiernos en las épocas de crisis?

La hipocresía alienante tan en boga hoy en día tiende, además, a falsear y exagerar los datos sobre esta cuestión. Por ejemplo, la realización de la película *Pearl Harbor* fue más costosa que muchas misiones a Marte, aún tratándose aquella de una producción totalmente privada que no ha supuesto ninguna contribución (ni siquiera artística, diría yo) al conjunto de la humanidad. Además, el desarrollo de nuevas tecnologías como las lanzaderas espaciales y las sondas de exploración pequeñas y de bajo coste consiguen cada día abaratar más las misiones espaciales.

Podemos mencionar, además, los avances científicos y tecnológicos que han sido fruto directo de la carrera espacial. Nuevos materiales, nuevos fármacos e importantísimos descubrimientos en física, química y biología son los resultados de esta empresa. Las telecomunicaciones mundiales y el control climático y atmosférico de la Tierra hubieran quedado en sueños sin el desarrollo de la astronáutica. Pero aun obviando toda esta realidad, el simple placer de descubrir, explorar e investigar otros mundos, la incomparable emoción que representa la Ciencia del Espacio y, cómo no, el reto de encontrar otras formas de vida en el Cosmos, justificarían de sobra el empleo de capital público en su desarrollo.

Para ello es necesario hacer comprender al público las implicaciones que tiene en nuestra sociedad el avance de la Ciencia. Hemos de hacer partícipes a todos los ciudadanos del emocionante proceso de la investigación científica del Espacio, hemos de divulgar y hacer entender los enormes progresos derivados de nuestros aún incipientes conocimientos acerca del Universo. Es ésta otra heroica empresa a la que todos estamos llamados.

18. EL MISTERIO DE LA LUNA

De entre las muchas cosas que desconocemos aún de nuestro satélite natural, hay una que ha llamado poderosamente la atención a varias generaciones de astrónomos. ¿Quién no se ha dado cuenta alguna vez del enorme tamaño que parece tener la Luna cuando está cerca del horizonte y, por el contrario, lo relativamente pequeña que se nos antoja cuando se alza en el cielo? Antes de continuar, hay que reconocer que, aunque de naturaleza cuestionada, este fenómeno es indudablemente un efecto óptico, erróneamente llamado *espejismo lunar*[1]. La Luna obviamente no cambia de tamaño físico, pero tampoco de tamaño "aparente" o angular en función de que esté más o menos cerca del horizonte. Esto se puede comprobar midiendo su diámetro angular con algún instrumento sencillo o con nuestras propias manos (la uña del meñique con el brazo extendido subtiende un ángulo de aproximadamente medio grado de la bóveda celeste). Veremos que el tamaño del astro oscila invariablemente alrededor del medio grado, con independencia de su altura.

Esto no quiere decir que el tamaño aparente de la Luna sea siempre el mismo, porque de hecho su distancia a la Tierra varía

---

[1] Aunque sin relación con el fenómeno aquí tratado, la Luna, y en general cualquier astro, sí pueden ser objeto de "espejismos", es decir, pueden verse donde en realidad no están. La gruesa capa de aire que nos separa del horizonte inclina los rayos de luz y hace que los astros aparentemente "salgan" por el este antes del orto real; retrasando sin embargo su ocaso. El aspecto achatado del Sol en el horizonte se debe también a este fenómeno.

sensiblemente debido a su considerable excentricidad orbital. En efecto, la Luna alcanza su mínima distancia a la Tierra en el *perigeo* orbital, y la máxima en el *apogeo*. El tiempo que transcurre entre dos perigeos lunares sucesivos se denomina *mes anomalístico*, que dura algo más de 27 días, 13 horas y 18 minutos, dos días menos que el *mes sinódico* (de luna nueva a luna nueva), por lo que ambos periodos están desacoplados. A su vez, estas distancias

Fig. 1. *Tamaño aparente de la Luna durante el perigeo (izquierda) y apogeo (derecha).*

mínimas y máximas varían en función de la posición relativa del Sol, la Luna, la Tierra e incluso los planetas más cercanos, "estirando" o "contrayendo" la elipse orbital lunar mediante la fuerza gravitatoria[1]. Así, en los siglos XX y XXI la Luna en perigeo dista entre 356375 y 370350 km, y en apogeo, entre 404050 y 406712 km. Todo esto hace que el diámetro aparente del astro oscile entre un mínimo de 29' 33" y un máximo de 33' 06" (fig. 1). Por ello, para comprobar que, efectivamente, el tamaño de la Luna es el mismo con independencia del efecto de esta distancia variable, podemos

---

[1] La Luna no gira entorno a la Tierra, ambos astros orbitan entorno a un centro de masas común situado en el interior del planeta, a unos 1600 km de profundidad; de ahí la trayectoria ondulada de la Tierra en su órbita alrededor del Sol. Adicionalmente, la Luna se está separando constantemente de la Tierra, actualmente a razón de unos cuatro metros por siglo.

fotografiarla en iguales condiciones (cámara, objetivo, etc.) en iguales momentos del mes anomalístico de dos meses diferentes (a buen seguro la Luna estará en dos posiciones distintas respecto al horizonte). El tamaño de la Luna, que podemos medir ahora con una regla, será muy aproximadamente el mismo.

Podemos pensar entonces que la Luna en el cenit (posición hipotética para un observador desde la Península Ibérica) tiene igual tamaño aparente que en el horizonte, aunque nos parezca más pequeña. Pues bien, la Luna en el cenit no sólo no es más pequeña si no que de hecho ¡es más grande! ¿Cómo es esto posible?

Al observar el cielo estrellado a simple vista a veces tendemos a pensar que la bóveda celeste es aparentemente "cabezocéntrica", es decir, que todo gira aparentemente alrededor de nuestra cabeza, cuando en realidad lo hace (aparentemente) entorno al centro de la Tierra. Al hablar de astros de cielo profundo, de estrellas o incluso de planetas, esta diferencia entre *distancia geocéntrica* y *topocéntrica* es despreciable en relación con las distancias astronómicas que nos separan de tales objetos; pero tratando de cuerpos relativamente cercanos como la Luna ya no podemos pasar por alto esta diferencia. Supongamos (fig. 2) dos situaciones en las que la Luna (**L**) dista lo mismo (**D**) al centro de la Tierra (**T**). En una de ellas (**L1**) el observador (**o**) ve el astro en el horizonte y en la otra (**L2**) en el cenit. En la primera de ellas la distancia de la Luna al observador (**D'**) es prácticamente igual que al centro de la Tierra (en realidad, aplicando un poco de geometría básica, entenderemos que es un poco mayor). En la segunda, sin embargo, hay que descontar el "acercamiento" (**D''**) que nos facilita el radio terrestre (**R**), unos 6378 km de media a nivel del mar. En esta situación estaremos un 1,66% (de media) más cerca del satélite[1], y por tanto

---

[1] La culminación cenital del Sol sólo es posible en las regiones geográficas comprendidas entre los Trópicos de Cáncer y Capricornio, en diferentes fechas (en los solsticios para los Trópicos, en los equinoccios para el Ecuador, y en fechas intermedias para latitudes intermedias). Para el caso de la Luna, cuya órbita se inclina algo más de 5 grados respecto a la eclíptica, esta franja es algo mayor. En España peninsular puede llegar elevarse hasta 80º sobre al horizonte, estando allí un 1,5 % más cerca de nosotros que cuando sale o se pone.

su tamaño angular aumentará en esa proporción, lo cual posiblemente no sea perceptible por el ojo humano, pero que puede demostrarse de nuevo fotográficamente[1].

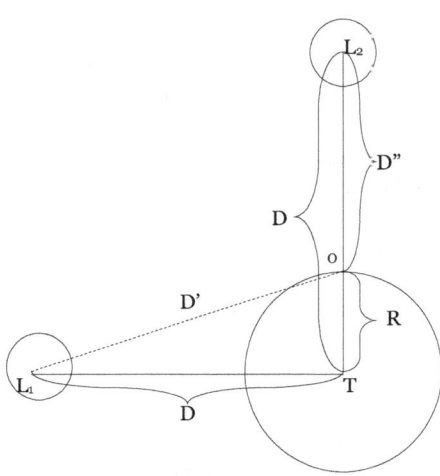

Fig. 2. *Relación entre la posición de la Luna y su distancia al observador*

Históricamente se han propuesto varias hipótesis para tratar de explicar el aparente aumento de la Luna en el Horizonte. Uno de los más citados apela al efecto difractivo de la atmósfera terrestre sobre la luz lunar, actuando como una lente para ampliar su imagen, como pasa con el Sol. Hay que señalar que sólo la fracción "horizontal" de la ampliación aparente que sufre el Sol en el horizonte se debe, efectivamente, a esta difracción, pero el considerable aumento observado se debe atribuir a este "efecto Lunar", actuando ahora sobre el Astro Rey. En cualquier caso esta teoría no tiene en cuenta que esta ilusión también se produce para objetos muy poco luminosos intrínsecamente, como las constelaciones (como luego veremos), y en general para cualquier objeto extenso cercano al horizonte. Otros señalan que al observar la Luna alta en el cielo no tenemos ninguna referencia visual cercana para comparar su tamaño, por lo que no nos parece allí tan grande como cuando está en el horizonte. Esta propuesta tampoco se sostiene en cuanto que la ilusión lunar también se produce en llanuras despejadas, en el mar en calma o incluso a bordo de aviones y globos, sin referencias visuales a la vista.

---

[1] A este hecho hay que añadir que, durante el verano, la Luna está ligeramente más cercana a los observadores del Hemisferio Norte, y viceversa; pero es un efecto tan pequeño que puede obviarse.

En la *Astronomía Popular* de Camille Flammarion existe una posible explicación a este desconcertante fenómeno. Para entenderlo tenemos que considerar conjuntamente dos ilusiones ópticas. La primera de ellas consiste en nuestra manera de percibir la bóveda celeste. Por razones que aún no están claras, nos parece que el horizonte del cielo está mucho más lejano que la zona cenital. Vemos el firmamento como si estuviera "achatado". En efecto, aunque somos incapaces de estimar ni si quiera aproximadamente la distancia a los objetos del cielo, siempre nos parecerán relativamente más cercanos aquellos que se acercan a la vertical (incluyendo pájaros, aviones...), aunque realmente no sea así. El otro efecto óptico implicado es el conocido como el *espejismo de Ponzo*, que se puede enunciar como sigue: "si dos objetos tienen el mismo tamaño angular, nos parece más grande el más lejano". Esta ilusión se aprecia

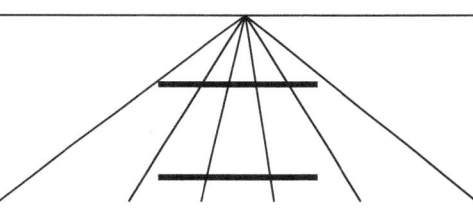

Fig. 3. *Espejismo de Ponzo*

en la figura 3, donde la sensación de distancia se provoca mediante una serie de "líneas de fuga" que convergen en un horizonte hipotético. Los dos segmentos paralelos y horizontales tienen igual longitud, es decir, el mismo tamaño aparente (se puede comprobar con una regla), pero nos parece mayor el más "lejano" (el de arriba). Pues bien, aunque la Luna tiene siempre, con independencia de su posición, aproximadamente el mismo tamaño angular, por el "efecto de achatamiento" nos parece que en el horizonte está más lejos. Allí entonces, por el espejismo de Ponzo, nos parece mayor. A favor de esta teoría se sitúa el hecho de que también se da este efecto sobre otros astros. Así, las constelaciones son aparentemente mucho mayores cuando se sitúan bajas en el cielo. El ejemplo paradigmático de esto son las constelaciones de la Osa Mayor y Casiopea, circumpolares desde España, que van alternando sus posiciones relativas a lo largo del año al girar alrededor del Polo Norte celeste. En invierno el Carro se "arrastra" por el horizonte, pareciendo allí enorme. En verano es Casiopea la que no alcanza gran altura, y su tamaño aparenta ser mucho mayor que en otras épocas del año. Cuando comenzamos a ver Orión en otoño, siempre bajo al anochecer, nos da la impresión de que ocupa medio cielo. Si encuestáramos a los astrónomos aficionados, pocos dudarían de que Orión es mayor que, por ejemplo, el Cisne, sin embargo es un 25% más pequeño (594 frente a 804 grados cuadrados respectivamente1). Aunque esta teoría nos puede parecer, por lo tanto, la más plausible, ¿por qué entonces se da este fenómeno también en alta mar, sin líneas de fuga posibles que nos den una sensación de perspectiva, e incluso con una niebla que sólo permita ver la Luna?

En cualquier caso, parece claro que la ilusión lunar está más relacionada con la psicología visual humana que con la propia Astronomía. Se han estudiado más de 20 teorías explicativas de este fenómeno, comprobando que todas ellas fallan en algún punto. La conclusión es que, hoy por hoy, se carece de una explicación satisfactoria. El problema radica en saber por qué la bóveda celeste nos parece achatada; y se ha propuesto como hipótesis de trabajo la posibilidad de que, por razones evolutivas, la sensación de profundidad varíe en función de la dirección visual (horizontal o vertical).

Para concluir, se proponen un par de experimentos sencillos que pueden permitir conocer un poco mejor este fenómeno:

-   Pídase a un grupo de observadores que dirijan la vista hacia la Luna (lo más alta posible en el horizonte) primero inclinando la cabeza hacia atrás y luego mirando de frente, pero a través de un espejo (lo suficientemente grande y/o cercano a los ojos como para aislar la imagen del fondo). Compárense los tamaños aparentes que proporciona la Luna en ambos casos para determinar si la ilusión lunar depende de la dirección de la línea visual.

---

[1] Estas medidas se refieren al área de la bóveda celeste correspondiente a cada constelación según la IAU, no a la superficie delimitada por el asterismo principal de cada una de ellas, pero la proporción se mantiene a efectos de este ejemplo.

- Para saber si el "achatamiento" sólo se da en la percepción de la bóveda celeste o es un fenómeno más general, colóquense dos objetos iguales a la misma distancia (p. ej. 50 m) de un grupo de observadores, uno en la vertical (suspendido de un edificio) y el otro horizontal a la línea visual. Sin informarles acerca de estas distancias, averígüese cuál parece estar más cercano[1].

---

[1] Posteriormente se puede jugar acercando uno de los objetos para, con otros grupos pos de observadores, determinar el cociente horizontal/vertical que proporciona una sensación de equidistancia.

19. La medición del tiempo en Astronomía

Buena parte de la actividad científica consiste en encontrar (y explicar) relaciones entre variables numéricas. Cuando aumenta la temperatura de un gas, su volumen también aumenta; cuanto más lejos está un planeta del Sol, tanto más lento es su movimiento de translación, etc. Al desentrañar la relación íntima que vincula entre sí estas magnitudes se construyen modelos que permiten describir los procesos naturales de forma objetiva y elaborar predicciones útiles. En Astronomía, dos variables fundamentales con las que se trabaja cotidianamente son el espacio y el tiempo, que dan cuenta del movimiento de los astros en la bóveda celeste. La ubicación inequívoca −esto es, sin posibilidad de ambigüedad- de un cuerpo celeste en el espacio y en el tiempo constituye una *efeméride astronómica*, por ejemplo, las coordenadas celestes de un cometa en un instante determinado. Este sentido estricto del término se ha ido ampliando hasta considerar actualmente la predicción de cualquier fenómeno astronómico, en particular aquellos que acontecen de forma periódica, como la salida del Sol o la oposición de los planetas. En este capítulo analizaremos cómo se determina con precisión el tiempo en Astronomía.

Si queremos que una medida de tiempo tenga algún sentido desde el punto de vista científico debemos definirla a partir de dos elementos esenciales: el *origen* y la *unidad de medida*. Un sistema de medición de tiempos que cuente con ambos factores se denomina *escala de tiempo*. El origen es el instante respecto del cual se establece un sentido positivo o negativo al transcurso del tiempo, y se puede determinar de forma más o menos arbitraria. Por su parte, la unidad es un intervalo invariable de tiempo aceptado como patrón universal. La unidad básica de medida utilizada directa o indirectamente por todas las escalas de tiempo es el *segundo internacional*, es decir, del Sistema Internacional de Unidades (SI), cuya definición, no obstante, ha ido variando a lo largo del tiempo. Así, antiguamente se establecía como una fracción constante (1/86.400) de la duración del día solar medio. Al descubrirse que la duración de este día no era invariable, debido a las irregularidades en la rotación de la Tierra, hubo de adoptarse una definición basada exclusivamente en algún fenómeno físico periódico, en concreto en fenómenos cuánticos. Así, desde 1967 el segundo internacional[1] se define como "la duración de 9.192.631.770 oscilaciones de la radiación emitida en la transición entre dos niveles hiperfinos del estado fundamental del átomo de cesio 133, a nivel del mar y con campo magnético nulo". El segundo, así definido, es, prescindiendo de efectos relativistas, un valor constante al ser independiente de cualquier ciclo astronómico y por lo tanto las escalas de tiempo basadas en él son *uniformes*, es decir, sus unidades no varían con el tiempo.

La escala más utilizada en Astronomía es el *Tiempo Universal* (**TU**), escala ligada al movimiento de rotación de nuestro planeta. El TU se puede determinar observando con precisión[2] el instante en que culminan ciertas estrellas (como las incluidas en el *catálogo de estrellas fundamentales*, cuya posición se conoce con particular exactitud), obteniéndose así una primera aproximación al Tiempo Universal llamada **TU0**. Estas mediciones, sin embargo, sólo tienen validez local ya que están afectadas por los cambios en la orientación del eje de giro de la Tierra con respecto a las estrellas, y que tiene varias componentes periódicas y aperiódicas que inter-

---

[1] El segundo internacional tiene múltiplos de uso práctico en Astronomía, por ejemplo, el *día*, que equivale a 86400 segundos internacionales y que por tanto, y en contra de lo que pudiera parecer, no se refiere exactamente a ningún periodo astronómico.

[2] Estas mediciones se suelen hacer con los llamados *círculos meridianos*, refractores con montura altacimutal perfectamente orientados al S y que sólo se mueven en altura.

actúan de forma bastante compleja. Téngase en cuenta que, por ejemplo, un desplazamiento de sólo 1 m del polo supone un error de unos 3 ms en el TU. Corrigiendo estos factores se obtiene una escala independiente del lugar de observación llamada **TU1**. Si, además, se tienen en cuenta las pequeñas variaciones estacionales en la velocidad de rotación (debidas a los cambios regulares en la proporción de masas de hielo, aire e incluso seres vivos[1] entre ambos hemisferios), de unos 30 ms de amplitud, se llega a **TU2**, vigente desde 1955. No obstante, es evidente que la rotación del planeta no era lo suficientemente uniforme como para permitir una escala de tiempo útil para la actividad científica. En efecto, los seísmos, la deriva continental, la evolución de los climas y el efecto de marea ejercido por la Luna y el Sol aceleran o frenan el giro de la Tierra de forma difícilmente previsible. La Unión Astronómica Internacional, en su X asamblea (1958) propuso el establecimiento de una escala basada no en la rotación sino en la translación terrestre, concretamente en la duración del *año trópico,* mucho más estable que el día: es el *Tiempo de Efemérides* o *Efemerídeo* (**TE**). Así, el segundo quedó definido como 1 / 31.556.925,9747 de la duración del año trópico 1900. Para simplificar su uso, el origen del TE se estableció de forma que coincidiera con el TU en 1900. Como quiera que la determinación de la posición del Sol no es sencilla (por presentar diámetro aparente y por lo complicado de observar estrellas cercanas de referencia), pronto se tuvo que "modelizar" el movimiento de translación, usándose el formalismo de Newcomb (1898) sobre el movimiento del Sol.

Al comparar TU (medido con respecto a las estrellas) y TE (medido con respecto al Sol), se evidenció un incremento secular en la duración del día, debido sobre todo a la acción gravitatoria de nuestro satélite. En efecto, estudiando los registros históricos de eclipses, se puso de manifiesto que tales fenómenos se vieron desde zonas "imposibles" si se considera un día de duración fija. Hoy sabemos que los días se alargan aproximadamente 1,5 ms cada

---

[1] Durante la primavera y el verano septentrionales se acumula mucha más biomasa vegetal en este hemisferio que durante el periodo equivalente del hemisferio sur, debido a la desproporción de tierras emergidas entre ambos.

siglo, es decir, acumulan un retraso de unos 0,5 s cada año. La diferencia entre el tiempo "empírico" proporcionado por el TU y el "teórico" del TE que supone años trópicos constantes de 365,242189 días se denomina Δt = TE - TU. Este valor es de gran importancia en Astronomía, ya que el cálculo de efemérides, bien el reflejado en los almanaques, bien a través de programas informáticos, se basa generalmente en el TE, y para saber cuándo acontecerá realmente un fenómeno (en TU) es necesario conocer, o por lo menos estimar, este Δt. Existen expresiones matemáticas que permiten calcular esta variable con cierta precisión para un intervalo de unas cuantos siglos alrededor de la actualidad, pero no es posible hacerlo para periodos mayores. Por ello las predicciones astronómicas pierden toda validez cuando se refieren a épocas remotas. Se calcula que en el año 500 d.C Δt = + 5700 s y que en 1500 d.C. se había reducido ya a +180 s. A principios del siglo XIX llegó incluso a tomar valores negativos, para volver a aumentar posteriormente y situarse en los 65,8 s actuales.

El TE ha caído hoy en desuso ya que, como consecuencia de la Teoría de la Relatividad de Einstein, realmente no es posible establecer una escala de tiempo *absoluta*, sino únicamente vinculada a un determinado sistema de referencia. En Astronomía, los puntos más interesantes para establecer tales sistemas son la superficie de la Tierra, su centro de gravedad, y el del Sistema Solar, en base los cuales se han establecido respectivamente el *Tiempo Dinámico Terrestre* (**TDT**[1]), el *Tiempo Coordinado Geocéntrico* (**TCG**) y el *Tiempo Dinámico Baricéntrico* (**TDB**), que difieren entre sí en pocos milisegundos.

En cualquier caso, pronto se planteó la necesidad de establecer una escala de tiempo independiente de los fenómenos astronómicos. Una de ellas es la escala de tiempo uniforme basada en el segundo internacional, el *Tiempo Atómico Internacional* (**TAI**), que es oficial desde 1972. El TAI se obtiene como un promedio ponderado de más de trescientos relojes atómicos de cesio y de máseres de hidrógeno repartidos por todo el mundo, de forma que sólo

---

[1] Si nos referimos a la superficie del *geoide*, se tiene el llamado *Tiempo Terrestre* (**TT**), que en la práctica es igual al TDT.

sufre adelantos o atrasos de 1 s cada millón de años. Los satélites de la red del Sistema Global de Posicionamiento (GPS) están dotados cada uno de ellos de cuatro relojes atómicos, y por lo tanto los tiempos que indican constituyen también una escala de tiempo atómico. El tiempo de la red GPS (T_{GPS}) excede en exactamente 19 s al TAI. El TAI se definió de forma que: a) su diferencia con el TU fuera nula en 1958 (momento de entrada en vigencia del TE) y b) que difiriera en un valor constante con el TE. Así, TAI = TE - 32,184 s.

Para uso científico, se ha difundido una escala conocida como *Tiempo Universal Coordinado* (**TUC**), una suerte de compromiso entre el TAI (uniforme) y el TU (exacto, en cuanto que se refiere al movimiento de las estrellas vistas desde la Tierra). El TUC se definió de forma que difiera siempre en un número entero de segundos del TAI[1], y en no más de 0,9 s del TU (del TU1). El *Tiempo Civil* (**TC**) en que se basan las horas oficiales de los distintos países se basa precisamente en este TUC. Por su importancia internacional, destacan también el *Tiempo Medio de Greenwich* (**TMG**), en base al cual se establecieron los usos horarios, y en *Tiempo Europeo Central* (**TEC** = TMG + 1), que es el que llevamos ahora mismo en el reloj (si está en hora). Debido al retraso que sufre TU con respecto al TAI, para mantener su diferencia por debajo de 1 s es necesario introducir cada cierto tiempo un segundo "intercalar", repitiendo el último segundo del 30 de junio o del 31 de diciembre en determinados años. La última vez que aconteció esto fue el 31 de diciembre de 2008. El organismo encargado de calcular la evolución del TU y, por tanto, de decidir la inclusión de segundos intercalares, es el Servicio Internacional de la Rotación de la Tierra, con sede en Frankfurt.

Los astrónomos aficionados suelen usar las escalas de difusión mundial del TUC, como la señal horaria de RNE o los servicios de información horaria que proporcionan algunas compañías telefónicas y que, en el mejor de los casos, tiene un error de ± 30 ms. Si se necesita más precisión (una mejor aproximación al TU), se puede decodificar electrónicamente una predicción de Δt redondeada a la

---

[1] Por ejemplo, en 1994 TAI-TUC = 29 s. En 2009 esta diferencia fue de 34 s.

décima de segundo (DUT1). Algunas emisoras de radio especializadas (véase un listado de frecuencias en el Anuario del Observatorio Astronómico de Madrid), como la señal DFC77 que leen algunos relojes de precisión disponibles comercialmente, permiten acercarse al ms de precisión. El sistema de navegación Loran-C, que transmite a baja frecuencia, consiguen precisiones teóricas del orden del µs. No obstante, en la actualidad no hay duda de que lo más recomendable es leer la hora GPS, con la que se puede calcular el TAI con ± 0,1 µs de error. Adviértase que los fenómenos astronómicos referidos en almanaques o programas informáticos se ofrecen normalmente en TU, aunque no está muy claro si en realidad se refieren al TUC. Para la mayoría de las aplicaciones prácticas la diferencia es despreciable, pero en algunas mediciones (como, por ejemplo, ocultaciones asteroidales) un segundo puede ser una eternidad. De igual forma, los astrónomos deberían acostumbrarse a explicitar en nuestros informes si las observaciones se refieren al TU o al TUC.

A pesar de que, en muchas ocasiones, conviene tratarla como tal, la superficie de la Tierra no es en absoluto o una figura geométrica perfecta. A escala humana presenta irregularidades que en conjunto llamamos "relieve", materia de estudio de la Geografía Física. En las ciudades, la acción del hombre ha disimulado o transformado totalmente los accidentes naturales, pero en muchas ocasiones no queda más remedio que adaptarse a las particularidades del terreno, de forma que la configuración urbanística revela aún las características del sustrato subyacente. Pero ¿a qué se deben estas diferencias? ¿Por qué los desniveles tienden a concentrarse en ciertas zonas mientras que otras gozan de sustratos prácticamente planos? Por extraño que parezca, buena parte de la respuesta es de naturaleza astronómica. Veamos el razonamiento.

Hoy sabemos que el Sol ha ejercido una influencia decisiva sobre la historia climática de nuestro planeta. La intensidad lumínica de la estrella no ha experimentado cambios destacables en los últimos millones de años, pero sí lo ha hecho la distancia media a la Tierra y su inclinación orbital, con lo que la cantidad de radiación recibida y, en definitiva, la temperatura global de la Tierra ha fluctuado sensiblemente, y continúa haciéndolo. El efecto acumulativo de las variaciones en la inclinación y la excentricidad orbitales se ha traducido en la aparición de periodos de temperaturas extremas generalizadas, que han contribuido notablemente a la historia geológica y biológica del planeta:

- En primer lugar, el ángulo que forma el ecuador terrestre con el plano orbital, que actualmente es de unos 23,5°, no se ha mantenido constante en el tiempo, sino que varía entre 22,1 y 24,5° en un ciclo de 41 milenios. Cuando la oblicuidad de la eclíptica es especialmente elevada, el Sol sale antes y llega más alto en verano, y viceversa, por lo que el clima se hace más extremo; sin embargo cuando este ángulo disminuye las temperaturas –tanto estivales como invernales- tienden a suavizarse.

- En segundo lugar, la excentricidad de nuestra órbita también ha experimentado cambios sustanciales. En efecto, la trayectoria que describe el planeta en su camino anual alrededor del Sol no es una circunferencia perfecta, sino una elipse, y la excentricidad mide su grado de "aplastamiento". En la actualidad, este valor es de 0,017, lo que significa que la Tierra, en su perihelio (el día en que estamos más próximos al Sol, aproximadamente el 4 de enero) está 5 millones de km más cerca que en el afelio, medio año más tarde. Esta diferencia supone una variación de casi un 7 % en la cantidad de radiación incidente. Pues bien, la excentricidad orbital oscila también -en ciclos de 100.000 años- entre 0,005 y 0,06, variando de forma correlativa la amplitud de la mencionada diferencia anual en la radiación incidente.

- En tercer lugar, debido a la precesión, el punto en el que acontecen los solsticios se desplaza paulatinamente a lo largo de la órbita, recorriéndola completamente cada 26.000 años aproximadamente. Los puntos de afelio y perihelio también se desplazan (en sentido opuesto), tardando más de 100.000 años en completar el circuito. En consecuencia, ambas parejas de puntos quedaran ocasionalmente alineadas, como sucede en la actualidad (el perihelio acontece sólo dos semanas después del solsticio de invierno). Esto significa que, en el Hemisferio Norte, el efecto estacional se compensa en cierta medida con la distancia al Sol, mientras que en tierras australes es aditivo. La situación se invertirá dentro de unos 13.000 años.

Como vemos, las tres variaciones interactúan de forma compleja y no se conoce con seguridad el grado de responsabilidad individual en la regulación macroclimática. El geofísico serbio Milutin Milanković (1879-1958) dedicó gran parte de su carrera a estudiar estos ciclos y sus repercusiones en la Tierra. Llegó a la conclusión de que la sucesión de periodos glaciares e interglaciares sufridos durante el Cuaternario se correlacionaban con estas oscilaciones. Ninguna de esas causas podía por sí sola iniciar un periodo glaciar, pero sí una coincidencia especialmente desfavorable de los máximos de varios de esos ciclos. En contra de lo que cabía suponer, no son los inviernos crudos, sino los veranos suaves los que pueden desencadenar con el tiempo una glaciación. En efecto, si durante el periodo estival no se funde la nieve y el hielo, éstos se acumulan paulatinamente año tras año y el albedo medio de la Tierra (la porción de radiación incidente que es reflejada al espacio) aumenta, lo cual disminuye la temperatura e inicia así un proceso de retroalimentación que desemboca en un periodo glaciar.

La teoría de Milanković presenta problemas importantes, en cuanto que se conocen periodos glaciares sin causa astronómica aparente (y viceversa); a pesar de lo cual hoy se acepta de forma generalizada la influencia de las variaciones orbitales en el clima. Hay otros factores que modulan en cierta medida esta influencia, como la composición química de la atmósfera, las corrientes oceánicas y la distribución de las masas continentales en la superficie planetaria.

Pero ¿cómo se relacionan las glaciaciones con el modelado del relieve? El hielo es uno de los principales agentes geológicos; los típicos valles con sección en forma de "U" (en contraposición a los valles fluviales, en forma de "V") son una prueba, entre otras muchas, del paso a través de ellos de enromes glaciares en tiempos pretéritos. Pero las glaciaciones también han influido de forma indirecta en la geomorfología. Durante una "edad de hielo" el agua tiende a acumularse en forma sólida sobre las tierras emergidas, de forma que el nivel del mar desciende (acontece una *regresión ma-*

rina), si bien es cierto que el peso del hielo contribuye también a "hundir", en menor medida, los continentes. Las cuencas hidrológicas responden adaptándose poco a poco a estos cambios. Por nacer a una determinada altitud, los ríos presentan una energía potencial que emplean en erosionar y excavar el lecho por el que discurren, de forma que durante una era glaciar su energía media aumenta y tienden a profundizar y "clavarse" más en el sustrato, originando valles angostos y profundos como los que hoy vemos en las cabeceras. Por el contrario, en los periodos interglaciares el nivel del mar asciende (es una *transgresión marina*) y el río pierde energía y tiende a "meandrificar", ampliando el valle en una llanura fluvial más o menos ancha. Al sucederse en el tiempo varias transgresiones y regresiones el río alterna su tendencia a profundizar o a expandir su valle, creándose de esa forma la típica sección escalonada que vemos en muchos valles fluviales. Cada uno de esos escalones recibe el nombre de *terraza fluvial*, siendo las más elevadas las más antiguas.

Evidentemente, los barrios situados en los valles fluviales gozarán de terrenos poco accidentados, al igual que aquellos que se sitúen sobre las terrazas más antiguas y, por ello, más erosionadas. Por el contrario, las zonas asentadas sobre las terrazas intermedias presentan notables desniveles que complican su diseño urbanístico. En cualquier caso, pensemos que se debe a causas en último término astronómicas. Quizá sirva de consuelo la próxima vez que tengamos que remontar una empinada cuesta.

Un astrónomo aficionado adquiere un almanaque astronómico con los fenómenos más interesantes de la temporada. Como evento destacado, se anunciaba "la ocultación de Venus por la luna llena", que tendría lugar en fechas próximas. Tras leer esta noticia, nuestro amigo decidió tirar al contenedor de reciclaje el citado anuario y buscar una fuente de información más fiable. ¿Por qué no creyó que semejante fenómeno astronómico pudiera tener lugar?

Una ocultación supone el encuentro aparente -es decir, desde nuestra perspectiva particular- de dos astros en el cielo, el más cercano pasando por delante del otro. Por una parte sabemos que Venus es un planeta "interior", esto es, más cercano al Sol que la Tierra. Por ejemplo, nunca veremos a Venus en una posición diametralmente opuesta a la del Sol ya que esto implicaría que nuestro planeta estaría pasando entre ambos astros, lo cual no es posible. De hecho siembre vemos a Venus bastante cerca de la estrella, a una distancia que, como mucho, llega a los 48º al E o al W del disco solar. A pesar de que, con algo de práctica, llega a ser visible a pleno día, es más cómodo observarlo antes del orto o tras la puesta de Sol. Por otra parte, la Luna Llena recibe ese nombre precisamente porque el Sol ilumina toda la cara visible del satélite gracias a que ambos se sitúan en extremos opuestos del cielo: se dice que la Luna está en "oposición", momento en el cual la Luna sale cuando se pone el Sol y viceversa. Evidentemente, una Luna que está a 180º del Sol no puede tapar a un planeta que jamás se aleja tanto del Astro Rey. Así, las ocultaciones lunares de Venus son imposibles con una Luna de más de 4 días de edad (o menos de 26).

¿Sale la Luna todos los días por el mismo punto del horizonte? En caso negativo, ¿qué patrón siguen los puntos de orto y ocaso a lo largo de los días?

Supongamos inicialmente que la órbita de nuestro satélite coincide exactamente con la del Sol. En ese caso tendríamos a la estrella pasando por el mismo punto del cielo (por ejemplo, sobre el punto cardinal Sur) cada 24 h. La Luna es algo más perezosa y tarda 24 h y 50 min. en completar su circuito. Este retraso de casi 1 h se va acumulando día a día de forma que, si partimos con ambos astros situados en extremos opuestos del cielo, el Sol alcanza a la Luna en 14 días, momento en que ambos coinciden inevitablemente en el cielo (eclipse de Sol).

Observando en detalle los lugares de salida y puesta del Sol, vemos que éste lo hace por los puntos cardinales E y W sólo dos días al año, los equinoccios de primavera y otoño. A medida que avanza la primavera le vemos salir y ponerse por el horizonte cada vez más al N (desde el hemisferio N) hasta que llega un día (el solsticio de verano) en que "da la vuelta" y comienza a salir cada vez más al Sur, rebasando su posición inicial y llegando al punto más meridional posible en el solsticio de invierno, desde donde retorna hacia el N, etc. La distancia entre ambos solsticios entre los puntos de salida del Sol en el horizonte, depende esencialmente de nuestra latitud: desde el Ecuador es de unos 47°, pero a medida que nos acercamos a los polos es cada vez mayor, superando los 360° más allá de los círculos polares, es decir, el Sol no sale (o no se pone) nunca en 6 meses.

Por el día y por la noche vemos regiones diametralmente opuestas de la eclíptica (la trayectoria del Sol y la Luna a lo largo del año y del mes, respectivamente). En verano, el extremo superior de la eclíptica se sitúa a 23° por encima del ecuador celeste a mediodía (es decir, a más de 70° de altura en la España peninsular), pero por la noche se sitúa 23° por debajo de esa referencia; de ahí que el Sol llegue tan alto (y la Luna tan bajo) en época veraniega. Evidentemente, en invierno la situación se invierte.

Se puede concluir, por tanto, que la Luna se comporta como un "antisol" de forma que, si la estrella sale en verano muy al N, el satélite lo hará proporcionalmente muy al S, y viceversa (sí, durante los equinoccios sale y se pone casi exactamente por el E y el W, respectivamente). Los puntos de salida y puesta lunares realizarán el mismo recorrido anual que los del Sol, pero en sentido opuesto.

El asunto se complica considerando que, en realidad, Luna y Sol no comparten la eclíptica, sino que la órbita lunar se inclina unos 5° con respecto a ésta. Podríamos obviar este hecho simplemente sumando o descontando una pequeña distancia constante entre los puntos de salida del Sol y la Luna. No obstante, las intersecciones entre ambas trayectorias (llamadas "nodos lunares") giran a su vez entorno a nuestro planeta una vez cada 18 años, de forma que esta distancia, medida en el horizonte, va aumentando o menguando paulatinamente, completando un ciclo de "largo periodo" que se superpone al anterior.

¿Cuál es la causa astronómica —si es que hay alguna- de la sucesión de las estaciones meteorológicas? O, dicho de otra forma, ¿por qué en invierno hace frío y en verano calor?

En contra de la creencia popular, las estaciones no se deben principalmente a los cambios en la distancia que nos separa del Sol. En el hemisferio norte, el invierno comienza el 20-21 de diciembre (solsticio de invierno), que, además de ser el día más corto del año, es el día en el que su altura sobre el horizonte al mediodía es más pequeña, por lo que sus rayos nos llegan muy inclinados y con escaso poder calorífico. Pues bien, ese día acontece sólo dos semanas antes del día en que la Tierra pasa más cerca del Sol, aproximadamente el 4 de enero (el perihelio), que estamos 5 millones de kilómetros más cerca que a principios de julio (el día 4, afelio).

En efecto, en la escuela nos enseñaron que el Sol sale por el este y se oculta por el oeste; no obstante los más observadores se habrán percatado de que esto no es exactamente así, sobre todo aquellos que tienen la suerte (o la desgracia) de ver amanecer todos los días en su camino al trabajo. De hecho, sólo dos veces al año se cumple esta regla: el 21 de marzo y el 23 de septiembre, los días en que el Sol cambia de hemisferio celeste –llamados "equinoccios"- que indican también el comienzo de la primavera y el otoño, respectivamente. Durante esos días, el Sol llega a situarse en el cenit de los observadores situados en el Ecuador. A medida que avanza la primavera, la estrella sale por puntos del horizonte situados cada vez más al norte, hasta llegar al amanecer más norteño del año, que es aproximadamente el 21 de junio (el solsticio de verano). Ese día el Sol se sitúa sobre el paralelo 23,5º N, llamado "trópico de Cáncer". Paralelamente, su recorrido diurno por el cielo es más largo y alcanza mayores alturas al mediodía, todo lo cual revierte en una mayor capacidad calorífica que eleva la temperatura media en nuestras latitudes durante esta estación. Por el contrario, una vez superado este solsticio, el Sol "da la vuelta" y comienza a salir todos los días cada vez más al sur: los días son cada vez más cortos y el Astro Rey ya no llega tan alto sobre el horizonte como antes. Las sombras se alargan porque los rayos solares nos llegan cada vez con mayor inclinación y las temperaturas en general descienden a medida que nos acercamos al invierno. La salida de Sol más meridional del año acontece el 21 de diciembre, momento en que se sitúa sobre el paralelo terrestre 23,5º S ("trópico de Capricornio"). Después vuelve a remontar su camino hacia el norte, completando así un ciclo anual.

Este ciclo es común a todos los planetas que tengan una cierta inclinación de su eje de rotación con respecto a su plano orbital. En nuestro caso, este ángulo es de unos 23,5º. En cualquier caso, como la órbita de nuestro planeta es casi circular, la distancia al Sol sólo juega un papel secundario en la regulación de la temperatura. En el hemisferio norte ambos efectos -comienzo del invierno y acercamiento al Sol- se contrarrestan, pero el hemisferio Sur, cuyo verano comienza más o menos 21 de diciembre, son aditivos. Podríamos esperar, por tanto, estaciones más intensas en esta parte del mundo, pero hay que tener en cuenta la mucha menor proporción de tierras emergidas respecto a océanos que hay en el hemisferio sur comparado con el norte, lo cual amortigua este efecto. Además, los veranos relativamente frescos del hemisferio Norte permiten que, año tras año, se vaya acumulando la nieve y el hielo en determinadas regiones. Al aumentar así el albedo medio –la fracción de radiación incidente que la Tierra refleja al espacio exterior- el proceso se retroalimenta y puede desencadenarse un periodo glaciar. Añadiendo las variaciones en la excentricidad y oblicuidad orbitales, más los cambios seculares en las corrientes oceánicas y en la distribución de los continentes, se puede explicar la sucesión de periodos glaciares e interglaciares que ha sufrido la Tierra a lo largo de su historia geológica.

Hay que tener en cuenta que, debido al lento cambio de orientación que sufre el eje de rotación de nuestro planeta (movimiento llamado "precesión"), hace miles de años era en el hemisferio norte donde coincidían afelio y solsticio de invierno. Por ello, dentro de unos 13 milenios, las estaciones se invertirán entre los hemisferios y durante el verano podremos contemplar constelaciones que hoy consideramos típicamente invernales, como Orión (y viceversa). Esto no significa, como se afirma incluso en obras de referencia serias, que las fechas de los solsticios y equinoccios se vayan moviendo lentamente por el calendario hasta esa nueva configuración. En nuestras latitudes, el verano siempre ha comenzado y comenzará a finales de junio (en tal fecha veremos, eso sí, diferentes porciones de la bóveda celeste con el paso del tiempo). Tras la reforma gregoriana, nuestro año civil se ajusta casi perfectamente a la duración del "año trópico", que es precisamente el tiempo que transcurre entre dos equinoccios seguidos, por lo que estas fechas tienen posiciones casi fijas en el calendario.

Pues bien, una encuesta publicado en 1992 mostraba que el 80% de la población sostenía que en verano la Tierra está más cerca del Sol. Más grave aún, en otro estudio sólo el 5% de los profesores de Primaria en formación o en ejercicio fueron capaces de explicar correctamente este fenómeno. Y es que éste es solo uno de los cientos de ideas científicas erróneas que, a pesar de los esfuerzos, son difíciles de atajar.

Al igual que para nuestra Luna, en los planetas interiores (Mercurio y Venus) se definen cuatro posiciones en su órbita espe-

ciales desde el punto de vista geométrico: las conjunciones inferior y superior (se producen, respectivamente, las alineaciones Tierra-planeta-Sol y Tierra-Sol-planeta) y dos máximas elongaciones o separaciones angulares entre el Sol y el planeta, una oriental y otra occidental, que coinciden con el momento es que los tres astros configuran un triángulo rectángulo. En ese momento, el Sol ilumina exactamente la mitad de la cara visible en ese momento del planeta, y podríamos hablar, por ejemplo, de "Venus en cuarto creciente" o "en cuarto menguante". Pues bien: sabiendo que los planetas se mueven en sentido antihorario, ¿por qué transcurre menos tiempo entre la máxima elongación oriental y la occidental de Venus que entre la occidental y la oriental?

Podría suponerse que la diferencia de duración entre ambos trayectos se debe a las distintas velocidades que adquiere un planeta a lo largo de su órbita en virtud de la II Ley de Kepler. En realidad elegimos intencionadamente Venus (y no Mercurio) por ser el planeta de menor excentricidad orbital, y por tanto, el que se mueve con velocidad más constante a lo largo de su "año". Venus y la

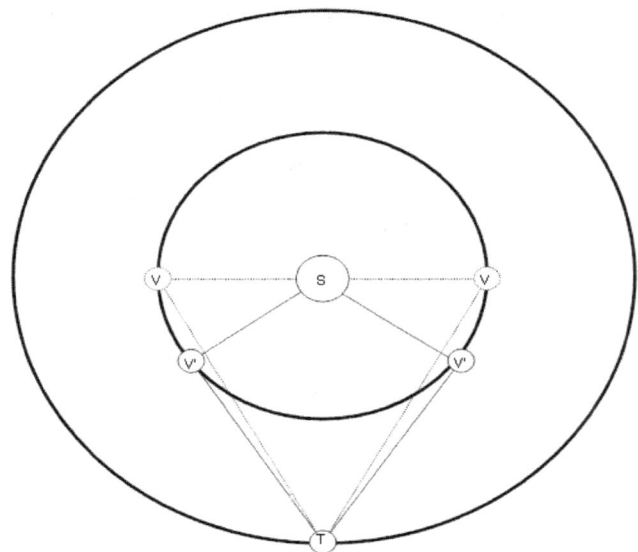

Luna, si bien ambos presentan fases, la geometría de sus posiciones es bien distinta y, en el caso de la Luna, si tuviera una órbita circular, sí que emplearía prácticamente el mismo tiempo de cuarto a cuarto. Por último, al hablar de de triángulo rectángulo, no hay que ubicar el ángulo recto en el Sol (Venus en cuadratura: **V**), lo correcto sería colocarlo en el planeta (Venus en máxima elongación: **V'**). Sólo en ésta última posición la fase es de exactamente el 50%, como se observa en la siguiente figura. Evidentemente, la distancia entre las elongaciones es menor que entre las cuadraturas, y por ello tarda menos en recorrerla, como se aprecia en la figura.

Supongamos que nos encontramos solos cerca de cualquiera de los Polos, durante sus veranos respectivos, sin ningún instrumento astronómico. ¿Cómo saber si estamos en el Polo? y, en caso negativo, ¿cómo nos dirigimos en esa dirección?

Al estar cerca de cualquiera de los polos geográficos en verano, el periodo diurno dura 24 h y no podemos usar el firmamento estrellado para orientarnos. El único astro visible de día que nos puede ser útil es el propio Sol. Observando su movimiento es posible averiguar cuál es la dirección Norte-Sur. En efecto, recordemos que todos los astros, debido a la rotación de nuestro planeta, describen cada algo menos de 24 h una circunferencia completa centrada en los polos celestes y, por tanto, paralela al ecuador celeste. La posición aparente de este ecuador celeste varía según la latitud del lugar de observación. Así, desde la Península Ibérica su punto más alto se sitúa a unos 50° de altura sobre el horizonte. En realidad, como ecuador y polo se separan por un ángulo de 90°, a medida que incrementamos la latitud la altura del polo aumenta y la del ecuador disminuye correlativamente. En el mismo polo terrestre, el polo celeste está a 90° de altura (en el cenit) y, lógicamente, el ecuador, a 0°, es decir, en el horizonte. De esto se deduce que el Sol, en su movimiento diario aparente visto desde este punto -y sólo desde ahí- describe una trayectoria circular paralela al horizonte. Si advertimos que el Sol gana o pierde altura con el transcurso de las horas, es imposible que estemos en el polo de la Tierra.

En realidad resulta más cómodo (y preciso) contemplar la sombra de cualquier objeto vertical (la propia sombra en su defecto) y observar qué forma adopta la curva cerrada que va trazando su extremo: desde el polo será una circunferencia perfecta, desde cualquier región cercana adoptará la forma de un ovoide con el eje mayor indicándonos la dirección N-S. Es más, sabemos que el Sol llega a su máxima altura a mediodía cuando pasa exactamente por el punto cardinal Sur (se dice que culmina o transita). En ese momento la sombra que proyecta es mínima. Esto significa que el segmento más corto del semieje mayor del ovoide está orientado precisamente al N (o al S en el hemisferio austral), dirección que deberemos seguir si buscamos el polo. Repitiendo el proceso iterativamente llegaremos a este punto con una precisión bastante aceptable teniendo en cuenta el método empleado.

www.ingramcontent.com/pod-product-compliance
Lightning Source LLC
Chambersburg PA
CBHW072032190526
45165CB00017B/290